AF325382

LA VOLIERE

de la

JEUNESSE

ou

Cours complet d'Étude sur l'histoire naturelle des Oiseaux, Classés selon la Méthode de M. CUVIER, avec la manière de les élever, de les nourrir, &c.

Suivi d'un traité sur l'art de les empailler.

Ouvrage rédigé d'après l'histoire naturelle de Buffon, ou l'on a conservé les morceaux les plus brillans de ce grand Écrivain

Ornée de 64 Planches en taille-douce.

Tome Ier.

A PARIS

Chez Chevalier, Libraire, Rue Hautefeuille, N° 3.

1817

Grenadin
Grande veuve en mue
Veuve à 4 brins
Chardonneret
Oiseau du Bresil
Grande Veuve
Sizerin
Tarin
Bec rond
Le Pape
Verdier

AVERTISSEMENT.

QUOIQUE moins connue que l'histoire des mammifères, celle des oiseaux mérite bien de devenir l'objet de notre étude. Les oiseaux sont plus nombreux que les quadrupèdes, une plus grande quantité d'espèces s'offre journellement à nos yeux ; nos champs, nos bois, l'intérieur des villes, en sont peuplés, et nous ignorons les mœurs, les habitudes qui les caractérisent ; souvent même leur nom nous est inconnu. Cependant leur brillante parure, la docilité de quelques espèces, et la facilité de jouir de leur doux ramage, en les élevant dans nos volières, doivent donner un nouveaux prix à la connaissance de leur histoire.

Parmi les naturalistes qui ont écrit sur les oiseaux, Buffon doit être placé au premier rang. Ses descriptions toujours correctes, é légantes et souvent animées par le coloris de la véritable éloquence ont un charme qu'on ne retrouve point ailleurs. Les sciences naturelles ont fait sans doute de grands progrès depuis l'époque où il écrivait ses ouvrages immortels ; mais ces progrès ont eu plutôt, pour objet, la classification que l'art de décrire, et il faut convenir que sous ce dernier rapport Buffon n'a pas encore été égalé. Il n'en est pas de même pour la classification. On reproche à son histoire des oiseaux d'être établie sur un plan diffus, et de n'être pas classique (1). D'un autre côté elle est trop volumineuse pour être mise entre les mains de la jeunesse.

Quoique nous ayons pris Buffon pour guide, nous espérons avoir suppléé à ces inconvéniens, en plaçant à la tête de cet ouvrage un tableau général où les oiseaux, divisés par familles et par genres, sont classés suivant la méthode de M. Cuvier, et en rappelant à la tête de chaque description la famille et le genre auxquels appartient l'oiseau qui en fait le sujet.

Ce tableau classique est précédé d'une

____

(1) Ornithologie de M. Daudin; introduction.

introduction élémentaire où nous avons exposé avec plus de clarté qu'il nous a été possible les notions indispensables à la connoissance des caractères génériques et spécifiques des oiseaux.

Fidèles au plan que nous nous sommes proposé de faire un livre élémentaire nous avons élagué de la description de chaque oiseau tout ce qui n'était pas nécessaire pour en completter la connoissance ; d'un autre côté nous l'avons enrichie du résultat des observations modernes.

Nous nous sommes cependant fait un devoir de conserver en entier les morceaux où Buffon a particulièrement déployé sa brillante éloquence : morceaux que l'on peut considérer comme des modèles de style, et que l'homme de goût relira sans cesse avec un nouveau plaisir.

PRÉCIS ÉLÉMENTAIRE

SUR LA STRUCTURE

ET LES

ORGANES DES OISEAUX.

De toutes les classes d'animaux, celle des oiseaux est la mieux établie, et celle dont les caractères sont les plus prononcés. Les oiseaux ont le corps couvert de plumes, un bec, deux pieds seulement, deux ailes ; et leurs petits naissent enfermés dans un œuf.

Leur tête, attachée au tronc par un cou rond et plus ou moins allongé, contient le bec, composé de deux *mandibules,* dont la forme et les proportions varient selon les espèces. Chaque mandibule est formée par une gaîne de substance analogue à la corne, et qui recouvre les mâchoires. La superficie du bec est nue ou couverte d'une pellicule légère et transparente. Sa base est quelquefois garnie d'une membrane colorée, appelée *cire*. Le bec n'a jamais de dents , et il paraît construit moins pour broyer les alimens que·pour les saisir et les diviser : aussi peut-on inférer jusqu'à un certain point de la forme , de la solidité, et du plus ou moins de longueur du bec, de l'espèce de nourriture de chacun des genres. Les naturalistes ont tiré de cette partie, qu'ils ont beaucoup étudiée, un grand nombre de caractères qui servent à distinguer les uns des autres , les ordres, les familles et les genres d'oiseaux.

Le bec renferme la langue, organe plat ou cylindrique, qui est quelquefois frangé, fourchu , taillé en dard , pointu , etc. Chez la plupart des oiseaux, le sens du goût est à-peu-près nul , parce que leur langue est presque cartilagineuse. Ils sont privés de salive ; à l'exception d'un petit nombre d'oiseaux , tels que les perroquets , les canards, ils ne font qu'avaler, sans jamais savourer. Mais chez les oiseaux de proie qui se nourrissent de chair , la langue est molle, et assez semblable à celle des quadrupèdes.

Le bec est percé à sa base par les narines, trous ronds , dont les bords sont enfoncés ou saillans ; ces narines sont quelquefois placées à l'origine du front ; quelquefois elles manquent tout-à-fait ; alors l'oiseau ne peut recevoir les odeurs que par une ouverture intérieure qui est dans la bouche. Les oiseaux ont en général l'organe de l'odorat très-imparfait.

Le front porte quelquefois une excroissance charnue, colorée ou découpée, qu'on appelle *créte*. On y remarque les yeux protégés par les sourcils, et contenus dans des paupières mobiles. Il y a deux membranes de plus, une extérieure, et l'autre intérieure, dans les yeux de tous les oiseaux, qui ne se trouvent pas dans l'homme. Aussi leur vue est-elle bien plus parfaite et plus étendue que celle des quadrupèdes. Un épervier voit d'en-haut une alouette sur une motte de terre, de vingt fois plus loin qu'un homme ou un chien ne peuvent l'apercevoir. Un milan, qui s'élève à une hauteur si grande que nous le perdons de vue, voit de là les petits lézards, les mulots, les petits oiseaux, et choisit ceux sur lesquels il veut fondre, et cette plus grande étendue dans le sens de la vue, est accompagnée d'une netteté, d'une précision tout aussi grande, parce que l'organe étant en même temps très-souple et très-sensible, l'œil se renfle ou s'aplatit, se couvre ou se découvre, se rétrécit ou s'élargit, et prend promptement, aisément et alternativement toutes les formes nécessaires pour agir et voir parfaitement à toutes les lumières et à toutes les distances.

Les oreilles n'ont aucune apparence extérieure; cependant l'ouïe est non-seulement plus parfaite que le toucher, le goût et l'odorat, dans l'oiseau, mais même plus parfaite que dans les quadrupèdes; on le voit par la facilité avec laquelle la plupart des oiseaux répètent des sons, des suites de sons, et même la parole; on le voit par le plaisir qu'ils trouvent à chanter continuellement, à gazouiller sans cesse.

Nous ne parlerons pas du sens du toucher : on conçoit aisément qu'il doit être nul chez un animal couvert de plumes, et dont les jambes sont revêtues d'une peau dure et écailleuse.

Le tronc de l'oiseau est composé des mêmes parties que celui des mammifères : mais la partie de l'échine qui correspond au dos, est immobile, et les vertèbres du cou et de la queue, sont les seules portions mobiles de la colonne vertébrale. La région de l'anus s'appelle *croupion*. On distingue dans les pattes : la *cuisse*, garnie de plumes ; la *jambe*, souvent dégarnie de plumes, surtout vers sa partie inférieure; le *tarse*, ou bas de la jambe, couvert d'une peau écailleuse, et souvent armée d'un ou de deux éperons ; et les *doigts*, dont le nombre et la distribution varient. Les oiseaux dont la course est rapide, ont deux ou trois doigts; ceux dont la marche est plus posée en ont quatre, trois en avant et un en arrière : ce qui rend leur assiette plus solide, Tous les doigts de devant sont réunis par une membrane, lorsque l'oiseau passe habituellement sa vie dans l'eau. Les doigts sont ordinairement armés d'ongles crochus, qui leur servent pour l'attaque et pour la défense. Plusieurs oiseaux de ceux qui ont deux doigts en avant et deux doigts en arrière, ont l'habitude de grimper sur le tronc des arbres ; il y en a d'autres qui grimpent sans avoir cette conformation de pieds.

Les ailes soutiennent l'oiseau dans l'air, rendent sa course plus légère, ou lui donnent plus de facilité pour nager. Comme il a les muscles pectoraux (1) plus charnus et plus forts à proportion que ceux de l'homme, il fait agir ses ailes avec beaucoup plus de vitesse et de force que l'homme ne peut remuer les bras. Le corps des oiseaux est plus lourd que l'air ; abandonné à lui-même, il tomberait sur la terre, comme tous les corps pesans, si l'animal ne déployait ses ailes, et ne venait à frapper l'air subitement avec une force considérable. Mais, comme l'air ne peut être déplacé avec la même rapidité : il fait éprouver à l'aile une résistance qui se transporte sur la masse du corps. L'oiseau trouve ainsi un point d'appui sur lequel il fait un bond ; voilà comme par une suite de bonds continus il s'élève dans l'air, au moyen des ailes. La queue est une sorte de gouvernail qui soutient l'oiseau, principalement lorsqu'il descend ; elle fait aussi équilibre avec le cou. Le poids des pattes et des chairs de la poitrine est tel que l'oiseau se trouve comme lesté sous les ailes, et qu'il ne peut culbuter ou chavirer.

On distingue dans le plumage de l'oiseau, les plumes et le duvet, disposés en quinconce sur la peau ; les plumes sont des tubes creux, terminés par une tige carrée, accompagnés de barbes parallèles. On appelle *pennes* les grandes plumes des ailes et de la queue ; elles sont

---

(1) Les muscles pectoraux, chez l'homme, sont ceux qui font agir les bras, et chez les oiseaux ce sont ceux qui mettent les ailes en mouvement.

roides et élastiques ; les plus longues, qui sont presque toujours au nombre de dix, au bout des ailes, sont appelées *primaires* ; tandis que l'on appelle *secondaires* celles qui sont moins longues et placées près du corps. On a donné le nom de *rémiges* aux pennes de l'aile, qui servent comme de rame, et celui de *rectrices* à celles de la queue, que l'on a comparée à un gouvernail. Les petites plumes moins longues, qui recouvrent la base des rémiges et des rectrices, s'appellent *tectrices*.

Tous les ans les oiseaux se revêtent d'un nouveau plumage : ce changement, qu'on appelle *mue*, est causé par le desséchement des tuyaux de plumes ; privées des sucs nourriciers, elles tombent et sont remplacées par les plumes nouvelles. L'animal est alors dans un état de maladie, sa voix s'éteint, et ses belles couleurs éprouvent une altération sensible. Cette riche enveloppe est impénétrable à l'air, mais l'eau s'y ferait un passage, si l'oiseau ne savait pas s'en préserver. Il exprime, des glandes placées sous son croupion, en le tiraillant avec son bec, un suc graisseux dont il frotte chacune de ses plumes, en les faisant passer successivement entre ses deux mandibules. Cette opération les lustre et les raffermit, et l'eau ne fait plus que glisser sur elles. Les oiseaux aquatiques sont les plus abondamment pourvus de ce suc. Ceux qui ne vont point à l'eau en ont fort peu; mais pour chasser les insectes qui les incommodent, ils élèvent avec leurs ailes des tourbillons de poussière, dont ils se saupoudrent; ce qui les fait nommer *pulvérateurs*.

La circulation s'opère chez les oiseaux comme chez les mammifères. On distingue parmi leurs sécrétions le suc huileux, dont ils enduisent leurs plumes. Leurs poumons, plus grands et plus étendus que ceux des quadrupèdes, ont plusieurs appendices ou poches membraneuses qui communiquent avec lui, et que l'oiseau peut enfler à volonté; cet air, dilaté, raréfié par la chaleur, augmente beaucoup la légèreté de son corps. Les os des ailes, qui sont creux et sans moëlle, se remplissent aussi de cet air raréfié. En général, les os des oiseaux, même à volume égal, sont infiniment moins pesans que ceux des quadrupèdes.

Les oiseaux carnassiers n'ont qu'un estomac, qui n'a par lui-même que peu de force; mais qui est rempli d'un suc très-actif, qui ramollit les os et les dissout avec les chairs. Chez les autres oiseaux qui se nourrissent de grains ou de fruits, la partie de l'œsophage ou canal alimentaire correspondant au cou, se dilate à son extrémité et forme ce qu'on appelle le *jabot* ; c'est une espèce de premier estomac qui correspond à la panse des animaux ruminans. Les alimens s'y imbibent d'une humeur analogue à la salive, fournie par la multitude de glandes qui garnissent ses parois ; ramollis par la chaleur et l'humidité, ils passent petit à petit dans un sac musculeux très-solide et très-fort, que l'on appelle *gésier*, et qui est le second estomac. Ce gésier est d'autant plus musculeux, que l'animal présente un bec moins fort pour broyer ses alimens, et que sa nourriture habituelle est plus solide. Dans le dindon et l'autruche, par exemple, il est extrêmement épais ; on y trouve toujours une infinité de petits cailloux que l'animal avale, afin de les faire frotter sur la surface des graines, qui se trouvent ainsi comme machées ou moulues dans le ventre. Le gésier triture les alimens avec une telle force, la membrane qui le revêt est si compacte, si dure, si coriace, que les pointes acérées des aiguilles et des lancettes y sont émoussées, que les substances les plus dures s'y brisent, et que le verre s'y réduit en poudre.

On trouve des oiseaux dans toutes les parties de la terre ; ils vivent en société ou solitaires : quelques-uns n'ont qu'une compagne ;
d'autres, tels que le coq, témoignent des
goûts plus volages. Les oiseaux , dont les
petits peuvent marcher et se nourrir en sortant de l'œuf, comme les poulets , les caille-
taux, les perdreaux, ne vivent point par
paire ; un mâle a plusieurs femelles , et celles-
ci sont chargées seules des soins qu'exigent
la conservation et l'éducation de leurs petits.

Aux approches de la ponte, la femelle ,
quelquefois aidée par le mâle , mais le plus
souvent seule, construit le nid qui doit recevoir ses œufs. Il est ordinairement composé
de buchettes, d'herbes sèches, de terre, de
mousse, de crins, de poils, etc. Sa forme
varie selon l'instinct de l'oiseau : quelquefois
il est divisé en plusieurs cellules ; d'autres
fois, il ressemble à une bourse suspendue.
Quelques oiseaux ne se construisent pas de
nid : ils pondent leurs œufs sur la terre ou
sur des rochers arides. Les grands oiseaux de
proie déposent leurs œufs sur une *aire* ; c'est
une espèce de plancher formé par des bâtons
ou petites perches recouvertes de plusieurs
lits de bruyère, et placé entre deux ro-

chers inaccessibles, ou au sommet des plus grands arbres.

Les œufs existent dejà tout formés dans le ventre de la mère ; on voit des poules sans coq et des femelles en cage, pondre au printemps ; mais ces œufs sont alors inféconds, ils ne produisent rien. Chaque femelle n'en pond ordinairement qu'un par jour. La ponte est plus ou moins nombreuse et peut se renouveler deux, trois ou quatre fois par an. La grosseur et la couleur des œufs varient selon les espèces ; mais tous sont recouverts d'une croûte appelée *coque*, dont la substance est analogue à celle des os. L'œuf est toujours plus long que large, et il est constamment plus gros par un bout que par l'autre. Il renferme le *germe* qui doit offrir un jour toutes les parties qui constituent l'oiseau. Dès que ce germe est pénétré de l'esprit destiné à l'animer ; il vit, et la chaleur égale que la mère lui procure, en le couvant, facilite son développement. Le petit se nourrit d'abord du blanc, substance analogue au lait des mammifères, et en croissant, du jaune qui a plus de consistance et de solidité. L'action de couver se nomme *incubation*. Sa durée est plus ou moins longue. Les oiseaux sont d'autant plus long-temps dans l'œuf, qu'ils doivent naître plus développés; ainsi, les espèces qui marchent en sortant de l'œuf, ont besoin d'une incubation de vingt ou trente jours; tandis que les mésanges, les chardonnerets et presque tous les autres petits oiseaux, ne sont couvés par leurs parens, que onze à dix-sept jours au plus; aussi naissent-ils faibles, aveugles, incapables de marcher, et la mère les couve encore après leur sortie de l'œuf. Le mâle la remplace dans plusieurs espèces, et il couve ordinairement depuis midi jusqu'à trois heures. La femelle, pendant ce temps, prend sa nourriture; d'autres fois, elle reste dans son nid, et il se charge d'apporter tout ce qui est nécessaire aux besoins de sa famille. Il dégorge ce qu'il a pris dans le bec de la femelle, qui broie de nouveau cet aliment et le transmet de la même manière à ses petits. Dès qu'ils sont assez grands et assez forts, ils pourvoient eux-mêmes à leurs besoins, et vont chercher les animaux ou les plantes dont ils se nourrissent. Les mâles des espèces qui ont plusieurs femelles, ne couvent pas et ne prennent aucun soin de leurs petits.

Passons en revue les changemens qui surviennent à l'œuf pendant la durée de l'incubation, et prenons pour exemple celui de la poule.

On distingue d'abord dans l'œuf le germe parsemé de points rouges et attaché à la surface du jaune; au bout de cinq ou six heures, on voit distinctement la tête du poulet jointe à l'épine du dos, nageant dans une bulle de liqueur. Dès le second jour, on aperçoit les premières ébauches des vertèbres; on voit aussi paraître le commencement des ailes; le cou et la poitrine se débrouillent; déjà on voit le cœur du fœtus battre et son sang circuler. Le troisième, le quatrième jour, tout est plus distinct : les yeux se prononcent, les ailes croissent, les cuisses commencent à pointer et le corps à prendre de la chair. Pendant les deux jours suivans, le corps se recouvre d'une chair onctueuse et se revêt de la peau sur laquelle on voit déjà poindre les plumes. Le bec est facile à distinguer dès le septième jour; alors le cerveau, les cuisses, les ailes et les pieds ont acquis leur figure parfaite. Pendant les jours suivans, les autres viscères achèvent de se former, et ce n'est guère que le onzième jour que l'organisation est compelte, le reste n'est qu'un développement des parties qui se fait jusqu'à ce que le poulet casse sa coquille, à l'aide d'un petit appendice d'une substance très-dure, qui termine son bec et qui tombe ensuite ; mais avant de rompre sa prison, il absorbe, par le nombril, tout le liquide qui reste dans l'œuf.

L'homme est le seul d'entre les mammifères qui ait le don de la parole ; quelques oiseaux peuvent au moins l'imiter et répéter des airs suivis, et même des mots et des phrases assez longues. Tous ont un cri particulier, et plusieurs ont un ramage agréable et mélodieux, qu'ils se plaisent à faire entendre, surtout quand le temps est serein et dans la saison des amours ; ordinairement les femelles ne chantent point. Les oiseaux ont, en général, la voix beaucoup plus forte que les quadrupèdes. L'oiseau qui vole dans les airs fait retentir son cri à plus d'une lieue de distance, quand la voix de l'homme ou celle d'un quadrupède ne se fait pas entendre à une demi-lieue. Cela est dû à la conformation particulière du larinx et à ce que la glotte est placée au bas de la trachée, et non pas au haut comme dans l'homme.

Pendant le sommeil, la plupart des oi-

seaux cachent leur tête sous une aile ; beaucoup se tiennent sur un seul pied , et approchent l'autre de leur corps pour l'échauffer.

La durée de la vie varie beaucoup chez
les diverses espèces d'oiseaux ; elle est, en
général, plus longue dans l'état sauvage que
dans celui de captivité. Les femelles vivent ordinairement plus long-temps que les mâles, et
les oiseaux de proie, plus que tous les autres,
à l'exception du cigne dont la longévité est
extraordinaire. On assure qu'il vit trois cents
ans , ce qui paraît un peu exagéré (1).

---

(1) Voici la durée de la vie de plusieurs
espèces d'oiseaux :

	ans.		ans.
Le Grand-Aigle vit	100.	Le Perroquet cendré	43
Le Faucon	60.	La Perruche à collier	26
Le Corbeau	73.	Le Pigeon domest.	27
Le Geai	39.	Le Coq	26
L'Étourneau	17.	Le Faisan	13
Le Merle	11.	Le Paon	25
Le Pinçon	16.	La Perdrix	15
La Linotte	18.	La Caille	5
Le Chardonneret	23.	Le Cigne	300
Le Serin	19.	L'Oie domestique	80
Le Tarin	11.	Le Canard	37
Le Bouvreuil	7.	Le Pélican	80
L'Alouette cochevis	16.	La Mésange.	5

La différence des saisons oblige quelques oiseaux à chercher, à des époques fixes, un ciel plus chaud, des jours plus longs, une nourriture plus abondante. L'agriculteur observe le temps de leur départ et celui de leur retour ; ils lui indiquent l'époque où il doit entreprendre et terminer les plus importans travaux. Ces émigrations fournissent sur l'état de l'atmosphère, des observations curieuses. Ce désir de changer de climat, qui communément se renouvelle deux fois par an, c'est-à-dire, en automne et au printemps, est une espèce de besoin si pressant, qu'il se manifeste dans l'oiseau captif, par les inquiétudes les plus vives ; il n'y a rien qu'il ne tente dans ces deux temps de l'année pour se mettre en liberté, et souvent il se donne la mort par les efforts qu'il fait pour sortir de sa captivité. D'autres oiseaux hibernent et restent engourdis dans les troncs des vieux arbres, dans les cavernes et même sous la glace.

Dans l'économie générale de la nature, les oiseaux sont chargés de déchirer les cadavres et les végétaux corrompus, de peur que leurs parties putrides ne causent des maladies pestilentielles ; ils détruisent les reptiles et les insectes dont la multiplication serait dangereuse. Les oiseaux aquatiques rendent l'eau plus saine en l'agitant. Tous concourent à entretenir l'équilibre entre les espèces, à réparer les pertes de la nature, en disséminant dans leur vol les œufs des poissons et les graines des végétaux.

Sur l'instinct social des oiseaux (1).

L'instinct social n'est pas donné à toutes les espèces d'oiseaux; mais dans celles où il se manifeste, il est plus grand, plus décidé que dans les autres animaux. Non-seulement leurs

----

(1) Ce morceau et le suivant sont de Buffon. Dans le cours de cet ouvrage, nous en avons placé un grand nombre, dont le genre et l'étendue s'accordaieut avec notre plan. Ces morceaux auront le double mérite d'instruire en amusant, et d'offrir à la jeunesse d'excellens modèles de style capables de former son goût. Nous l'invitons à relire, surtout, les articles de l'Aigle, du Vautour, des Pies-Grièches, des oiseaux de proie nocturnes, de la Poule, du Moineau, du Serin, de l'Oiseau-Mouche, du Colibri; celui des oiseaux aquatiques, de la Cigogne, du Kamichi, du Héron, du Cigne, etc., etc.

2*

attroupemens sont plus nombreux et leur réunion plus constante que celle des quadrupèdes ; mais il semble que ce n'est qu'aux oiseaux seuls qu'appartient cette communauté de goûts, de projets, de plaisirs, et cette union des volontés, qui fait le lien de l'attachement mutuel, et le motif de la liaison générale. Cette supériorité d'instinct social dans les oiseaux, suppose d'abord une nombreuse multiplication, et vient ensuite de ce qu'ils ont plus de moyens et de facilité de se rapprocher, de se rejoindre, de demeurer et voyager ensemble, ce qui les met à portée de s'entendre, et de se communiquer assez d'intelligence pour connaître les premières lois de la société, qui, dans toute espèce d'êtres, ne peut s'établir que sur un plan dirigé par des vues concertées. C'est cette intelligence qui produit entre les individus l'affection, la confiance et les douces habitudes de l'union, de la paix et de tous les biens qu'elle procure. En effet, si nous considérons les sociétés libres ou forcées des animaux quadrupèdes, soit qu'ils se réunissent furtivement à l'écart dans l'état sauvage, soit qu'ils se trouvent rassemblés avec indifférence ou regret sous l'empire de l'homme, et attroupés en domestiques ou en esclaves, nous ne pourrons les comparer aux grandes sociétés d'oiseaux formées par pur instinct, entretenues par goût, par affection, sous les auspices de la pleine liberté. Nous avons vu les pigeons chérir leur commun domicile, et s'y plaire, d'autant plus qu'ils y sont plus nombreux; nous voyons les cailles se rassembler, se reconnaître, donner et suivre l'avis général du départ; nous savons que les oiseaux gallinacés ont, même dans l'état sauvage, les habitudes sociales que la domesticité n'a fait que seconder, sans contraindre leur nature; enfin, nous voyons tous les oiseaux qui sont écartés dans les bois, ou dispersés dans les champs, s'attrouper à l'arrière-saison; et, après avoir égayé de leurs jeux les derniers beaux jours de l'automne, partir de concert pour aller chercher ensemble des climats plus heureux et des hivers tempérés; et tout cela s'exécute indépendamment de l'homme, quoique à l'entour de lui, et sans qu'il puisse y mettre obstacle; au lieu qu'il anéantit et contraint toute société, toute volonté commune dans les animaux quadrupèdes : en les désunissant, il les a dispersés; la marmotte, sociale par instinct, se trouve releguée, solitaire à la cîme des montagnes ; le castor encore plus aimant, plus uni, et presque policé, a été repoussé dans le fond des déserts. L'homme a détruit ou prévenu toute société entre les animaux ; il a éteint celle du cheval, en soumettant l'espèce entière au frein ; il a gêné celle même de l'éléphant, malgré la puissance et la force de ce géant des animaux. Les oiseaux seuls ont échappé à la domination du tyran ; il n'a rien pu sur leur société, qui est aussi libre que l'empire de l'air ; toutes ses atteintes ne peuvent porter que sur la vie des individus : il en diminue le nombre ; mais l'espèce ne souffre que cet échec, et ne perd ni la liberté, ni son instinct, ni ses mœurs. Il y a même des oiseaux que nous ne connaissons que par les effets de cet instinct social, et que nous ne voyons que dans les momens de l'attroupement général et de leur réunion en grande compagnie. Telle est, en général, la société de plusieurs espèces d'oiseaux d'eau.

Sur les habitudes des oiseaux.

Le genre de vie, les habitudes et les mœurs dans les animaux, ne sont pas aussi libres qu'on pourrait l'imaginer ; leur conduite n'est pas le produit d'une pure liberté de volonté, ni même un résultat de choix ; mais un effet nécessaire qui dérive de la conformation, de l'organisation et de l'exercice de leurs facultés physiques. Déterminés et fixés chacun à la manière de vivre que cette nécessité leur impose et prescrit, nul ne cherche à l'enfreindre, ne peut s'en écarter ; c'est par cette nécessité, tout aussi variée que leur forme, que se sont trouvés peuplés tous les districts de la nature. L'aigle ne quitte point ses rochers, ni le héron ses rivages. L'un fond du haut des airs sur l'agneau qu'il enlève et déchire, par le seul droit que lui donne la force de ses armes, et par l'usage qu'il fait de ses serres cruelles ; l'autre, le pied dans la fange, attend, à l'ordre du besoin, le passage de la proie fugitive. Le pic n'abandonne jamais la tige des arbres à l'entour de laquelle il lui est ordonné de ramper ; la barge doit rester dans ses marais, l'alouette dans ses sillons, la fauvette dans ses bocages ; et, ne voyons-nous pas tous les oiseaux granivores chercher les pays habités et suivre nos cultures ; tandis que ceux qui préfèrent à nos grains les fruits sauvages et les baies, constans à nous fuir, ne quittent pas les bois et les lieux écartés des montagnes, où ils vivent loin de nous et seuls avec la nature qui d'avance leur a dicté ses lois, et donné les moyens de les exécuter. Elle retient la gélinotte sous l'ombre épaisse des sapins ; le merle solitaire sur son rocher ; le loriot dans les forêts, dont il fait retentir les échos, tandis que l'outarde va chercher les friches arides, et le râle les humides prairies. Ces lois de la nature sont des décrets éternels, immuables, aussi constans que la forme des êtres ; ce sont ces grands et vrais préceptes, qu'elle n'abandonne et ne cède jamais, même dans les choses que nous croyons nous être appropriées ; car, de quelque manière que nous les ayons acquises, elles n'en restent pas moins sous son empire : et n'est-ce pas pour le démontrer qu'elle nous a chargés de loger des êtres importuns et nuisibles ; les rats dans nos maisons, l'hirondelle sous nos fenêtres, le moineau sous nos toits ? Et lorsqu'elle amène la cigogne au haut de nos vieilles tours en ruine, où s'est déjà cachée la triste famille des oiseaux de nuit, ne semble-t-elle pas se hâter de reprendre sur nous des possessions usurpées pour un temps, mais qu'elle a chargé la main sûre des siècles de lui rendre ?

Ainsi les espèces nombreuses et diverses des oiseaux, portées par leur instinct et fixées par leurs besoins dans les différens districts de la nature, se partagent, pour ainsi dire, les airs, la terre et les eaux ; chacun y tient sa place, et y jouit de son petit domaine et des moyens de subsistances que l'étendue ou le défaut de ses facultés restreint ou multiplie. Et comme tous les degrés de l'échelle des êtres, tous les points de l'existence possible doivent être remplis, quelques espèces bornées à une seule manière de vivre, réduites à un seul moyen de subsister ne peuvent varier l'usage des instrumens imparfaits qu'ils tiennent de la nature : c'est ainsi que les cuillères arrondies du bec de la spatule paraissent uniquement propres à ramasser les coquillages ; que la petite lanière flexible et l'arc rebroussé du bec de l'avocette la réduisent à vivre d'un aliment aussi mou que le frai des poissons ; que l'huitrier n'a son bec en hache que pour ouvrir les écailles, d'entre lesquelles il tire sa pâture ; et que le bec-croisé pourrait à peine se servir de sa pince brisée, s'il ne savait l'appliquer pour soulever l'enveloppe en écaille qui recèle la graine des sapins ; enfin, que l'oiseau nommé *bec-en-ciseaux* ne peut ni mordre de côté , ni ramasser devant soi , ni béqueter en-avant, son bec étant composé de deux pièces excessivement inégales , dont la mandibule inférieure , allongée et avancée hors de toute proportion , dépasse de beaucoup la supérieure qui ne fait que tomber sur celle-ci , comme un rasoir sur son manche.

CLASSIFICATION DES OISEAUX.

Tome I.

CARACTÈRE DES ORDRES.	Noms des Ordres.	CARACTÈRES DES FAMILLES.	Noms des Familles.
Bec crochu, pieds courts, doigts séparés et armés d'ongles forts.	RAPACES.	Cou dégarni de plumes..	NUDICOLLES.
		Cou couvert de plumes..	PLUMICOLLES.
Quatre doigts, trois devant, un derrière; doigts de devant réunis en tout ou en partie.	PASSEREAUX.	Bec échancré vers le bout..	CRENIROSTRES.
		Bec à bords dentelés..	DENTIROSTRES.
		Bec tout droit, comprimé, sans échancrures...............	PLENIROSTRES.
		Bec conique..	CONIROSTRES.
		Bec grêle en alêne..	SUBULIROSTRES.
		Bec court, aplati horizontalement, fendu très-avant.	PLANIROSTRES.
		Bec grêle, allongé, solide.......................................	TÉNUIROSTRES.
Deux doigts en avant et deux en arrière.	GRIMPEURS.	Bec grêle..	CUNÉIROSTRES.
		Bec gros...	LEVIROSTRES.
Doigts de devant réunis à leur base par une courte membrane.	GALLINACÉES	Ailes propres au vol..	ALECTRIDES.
		Ailes trop courtes pour le vol..................................	BRÉVIPENNES.
Jambes élevées, nues; les deux doigts de devant réunis.	ECHASSIERS.	Bec fort et court..	BRÉVIROSTRES.
		Bec long, fort, en couteau......................................	CULTRIROSTRES.
		Bec long, faible, aplati horizontalement....................	LATIROSTRES.
		Bec long et faible...	LONGIROSTRES.
		Bec médiocre, comprimé sur les côtés........................	PRESSIROSTRES.
Tous les doigts réunis par de larges membranes.	PALMIPÈDES.	Tous les doigts réunis par une seule membrane.............	PINNIPÈDES.
		Le pouce libre, bec large et dentelé, ailes médiocres....	SERRIROSTRES.
		Le pouce libre, pieds placés derrière le corps, et presqu'inutiles pour la marche, bec non dentelé, ailes courtes..	BRACHIPTÈRES.

2

SUBDIVISION DES FAMILLES.

FAMILLE DES RAPACES NUDICOLLES.

Genres.

VAUTOURS (n'a qu'un seul genre). *Espèces principales* : le percnoptère, le griffon, le grand et le petit vautour, le roi des vautours, le condor.

FAMILLE DES RAPACES PLUMICOLLES.

1. FAUCONS. — *Caractères :* Extrémité de la mandibule supérieure du bec qui retombe en forme de crochet sur la mandibule inférieure ; oiseaux de proie ; *espèces principales :* l'aigle, le balbusard, l'autour, l'épervier, la buse, le milan, le faucon, le hobereau, la cresserelle, l'émérillon.

2. CHOUETTES. — *Caractères :* Bec courbé dans toute sa longueur, tête grosse,

yeux ronds entourés d'un cercle de plumes; oiseaux de proie nocturnes; *espèces principales :* le hibou, le grand-duc, le chat-huant, l'effraie, la chouette, la chevêche.

FAMILLE DES PASSEREAUX CRÉNIROSTRES.

1. LANIERS OU PIES-GRIÈCHES. — *Caractères :* Bec et pieds bleus; *espèces principales :* le lanier, la pie-grièche, l'écorcheur.

2. GOBE-MOUCHES. — *Caractères :* Bec aplati et pointu, base du bec garni de poils rudes ; *espèces principales :* le gobe-mouche, le moucherolle, le tyran.

3. MERLES. — *Caractères :* Bec comprimé et légèrement arqué ; *espèces principales :* le merle, la draine, la grive, le moqueur.

4. COTTINGAS. — *Caractères :* Bec aplati horizontalement à sa base; *espèces principales :* le cordon-bleu, le jaseur, le pompadour.

5. TANGARAS. — *Caractères :* Bec conique ; *espèce principale :* le tangara à sept couleurs.

6. GRACULAS OU MERLES CHAUVES. — *Carac-*
tères : Bec comprimé, légèrement
arqué ; *espèces principales* : le
martin ou le gryllivore, le mainate.

FAMILLE DES PASSEREAUX DENTIROSTRES.

1. CALAOS. — *Caractères* : Bec énorme, front
orné de plumes avec deux proémi-
nences antérieures ; *espèces prin-*
cipales ; les calaos.

FAMILLE DES PASSEREAUX PLÉNIROSTRES.

1. ROLLIERS. — *Caractères* : Narines décou-
vertes ; *espèces principales :* le
rollier d'Europe, le crave.

2. CORBEAUX. — *Caractères :* Narines recouvertes par des plumes, bec droit
et convexe; *espèces principales :*
le corbeau, la corneille, le freux ou
frayonne, la pie, le geai, le choucas, le chocard, le casse-noix.

3. PARADISIENS. — *Caractères :* Bec comprimé, plumes veloutées ; *espèces*
principales : l'oiseau de Paradis,

le manucode, le sifilet, le magnifique.

FAMILLE DES PASSEREAUX CONIROSTRES.

1. CACIQUES. — *Caractères* : Bec conique et
très-allongé, échancré à la pointe,
mandibule supérieure, dépassant
un peu l'inférieure; *espèces principales* : les caciques, les troupiales,
les carrouges, les loriots.

2. ÉTOURNEAUX. — *Caractères* : Bec en alène,
narines garnies d'un rebord ; *espèces principales* : l'étourneau ou
sansonnet, le cinclus on merle
d'eau.

3. LOXIA OU GROS-BECS. — *Caractères* : Bec
court, conique, renflé à sa base ;
espèces principales : les gros-becs,
les becs-croisés, les verdiers, les
bouvreuils, les colious.

4. MOINEAUX. — *Caractères* : Bec conique,
court, mais non renflé à sa base ;
espèces principales : les moineaux,

le pinson, la linotte, le serin, le cardinal, le grenadier, le sénégali, le bengali, le chardonneret, le tarin, les veuves.

5. BRUANTS. — *Caractères :* Bec pointu, conique, mandibule supérieure plus étroite que l'inférieure ; *espèces principales :* le bruant, le proyer, l'ortolan.

FAMILLE DES PASSEREAUX SUBULIROSTRES.

1. MÉSANGES. — *Caractères :* Bec très-court ; *espèces principales :* les mésanges.

2. MANAKINS — *Caractères :* Bec très-court et robuste ; *espèces principales :* les manakins, le coq de roche.

3. ALOUETTES. — *Caractères :* Doigt postérieur droit et très-long, langue fourchue ; *espèces principales :* l'alouette des champs, l'alouette huppée ou cochevis, l'alouette des bois ou cujelier, la farlouse.

4. MOTACILLES OU BECS-FINS. — *Caractères :* Bec très-fin et en alène ; *espèces principales :* le rouge-gorge, le

traquet, le tarier, le rossignol, la fauvette, le roitelet, le bec-figue, le troglodite, les lavandières, les bergeronnettes.

FAMILLE DES PASSEREAUX PLANIROSTRES.

1. HIRONDELLES. — *Caractères* : Bec triangulaire et aplati, large, très-ouvert, pieds courts, *espèces principales:* l'hirondelle de cheminée ou grand martinet, l'hirondelle de fenêtre ou martinet, le salangane.

2. ENGOULEVENTS. — *Caractères :* Bec court, un peu courbé, ouverture du bec énorme; *espèces principales:* l'engoulevent ou crapaud-volant.

FAMILLE DES PASSEREAUX TÉNUIROSTRES.

1. SITTELLES. — *Caractères :* Bec droit, mandibule supérieure excédant l'inférieure ; *espèce principale :* la sittelle d'Europe ou torchepot.

2. GRIMPEREAUX. — *Caractères :* Bec triangulaire et aigu, volent peu, mais grimpent fort vite le long d'un plan

quelconque ; *espèces principales :* le grimpereau ordinaire et le grimpereau de muraille ; les grimpereaux d'Amérique ou guit-guit, les soui-mangas ou sucriers.

3. COLIBRIS. — *Caractères :* Bec subulé, crochu à l'extrémité, langue fili-forme et tubulée, composée de deux filets ; *espèces principales :* le colibri, l'oiseau-mouche.

4. HUPPES. — *Caractères :* Bec long, mince, arqué ; tête garnie d'une aigrette ; *espèces principales :* les huppes, les promérops.

5. MOMOTS. — *Caractères :* Les mandibules du bec dentelées, doigts moyens et externes, réunis jusqu'à l'ongle ; *espèces principales :* le momot ou le houtou.

6. GUÊPIERS. — *Caractères :* Bec arqué, comprimé, caréné ; langue grêle, souvent déchiquetée à son extrémité ; *espèce principale :* les guêpiers.

7. ALCYONS OU MARTIN-PÊCHEURS. — *Caractères :* Bec triangulaire, droit, long et acuminé ; langue courte, plate et charnue ; *espèce principale :* le martin-pêcheur.

8. TODIERS. — *Caractères :* Bec aplati horizontalement, au lieu de l'être par les côtés ; *espèce principale :* le todier.

FAMILLE DES GRIMPEURS CUNÉIROSTRES.

1. JACAMARS. — *Caractères :* Semblables à ceux des martin-pêcheurs pour la forme du corps et celle du bec ; doigts disposés comme ceux des grimpeurs ; *espèce principale :* le jacamar.

2. PICS. — *Caractères :* Bec conique et pointu ; langue en forme de dard ; *espèces principales :* le pic-noir, le pic-vert, le pic-varié ou épeiche.

3. TORCOLS. — *Caractères :* Cou flexible et mobile ; *espèce principale :* le torcol.

4. COUCOUS. — *Caractères* : Bec un peu arqué, arrondi à sa base, queue
allongée et ronde ; *espèces principales* : le coucou ordinaire, le
coucou indicateur, le touraco.

FAMILLE DES GRIMPEURS LÉVIROSTRES.

1. COUROUCOUS. — *Caractères* : Bec plus
long en travers qu'épais en hauteur,
court, crochu, dentelé à ses bords ;
pieds courts, couverts de plumes ;
espèce principale ; le couroucou à
ventre rouge.

2. BARBUS. — *Caractères* : Gros bec pointu,
comprimé par les côtés, fendu
jusque sous les yeux, échancré à
son extrémité ; *espèces principales* : les barbus, les tamatias.

3. TOUCANS. — *Caractères* : Bec énorme,
langue semblable à une plume dé-
liée ; *espèce principale* : les
toucans.

4. PERROQUETS. — *Caractères* : Mandibule
supérieure mobile, et garnie d'une

cire à son origine, la langue charnue ; *espèces principales :* les perroquets, les perruches, les kaka-
toès, les amazones, les aras.

FAMILLE DES GALLINACÉS ALECTRIDES.

1. PIGEONS. — *Caractères :* Narines à demi-
couvertes d'une membrane molle
et gonflée ; bec grêle, renflé à son
extrémité ; doigts séparés à leur
origine ; *espèces principales :* le
pigeon, le ramier, la tourterelle.

2. TETRAS. — *Caractères :* Une tache dessus
les yeux ; *espèces principales :* le
coq de bruyère, la gélinotte, le
lagopède, les perdrix, le francolin, la caille.

3. PAONS. — *Caractères :* Une aigrette superbe sur la tête ; *espèces principales :* les paons.

4. FAISANS. — *Caractères :* Un espace nu
et sans plume sur les joues, tête
ornée d'une huppe ; *espèces principales :* le faisan doré, le faisan

argenté, l'argus ou faisan de Junon.

5. COQS. — *Caractères :* Une crête charnue sur la tête ; *espèce principale :* le coq ordinaire.

6. PEINTADES. — *Caractères :* Bec chargé d'une crête ; tête défendue par un casque dur et osseux ; *espèce principale :* la peintade.

7. DINDONS. — *Caractères :* Tête couverte par une caroncule spongieuse et charnue ; *espèce principale :* le dindon.

8. HOCCOS. — *Caractères :* Une membrane molle à la base du bec ; *espèce principale :* le hocco.

9. PÉNÉLOPES OU GUANS. — *Caractères :* Tête dégarnie de plumes en quelques endroits, pas de cire à la base du bec ; *espèce principale :* le marail.

10. OUTARDES. — *Caractères :* Tarses élevés, jambes nues, oiseaux de rivages ; *espèces principales :* la grande outarde, la canepetière.

FAMILLE DES GALLINACÉS BRÉVIPENNES.

1. AUTRUCHES. — *Caractères* : Jambes très-longues, nues, n'ayant que deux doigts ; *espèce principale* : l'autruche.

2. CASOARS. — *Caractères* : Pieds à trois doigts, tête surmontée d'une éminence cornée en forme de casque ; *espèce principale* : les casoars.

3. TOUYOU. — *Caractères* : Pieds ayant trois doigts dirigés eu avant, et un tubercule calleux en arrière ; *espèce principale* : le touyou.

4. DRONTE. — *Caractères* : Bec énorme, dont l'ouverture se prolonge presque jusqu'aux oreilles ; pieds courts à trois doigts ; *espèce principale* : le dronte.

FAMILLE DES ÉCHASSIERS BRÉVIROSTRES.

1. AGAMI. — *Caractère* : Bec conique, mandibule supérieure excédant l'inférieure, pieds à trois doigts ; *espèce*

principale : l'agami ou oiseau trompette.

2. **KAMICHI.** — *Caractères :* Bec conique, mandibule supérieure crochue , pieds à quatre doigts réunis à leur origine par une membrane ; *espèce principale :* le kamichi.

3. **SERPENTAIRE OU MESSAGER.** —*Caractères :* Bec crochu comme celui des oiseaux de proie ; un faisceau de plumes roides sur la nuque ; *espèce principale :* le serpentaire ou secrétaire.

4. **CANCROMAS OU SAVACOUS.** — *Caractères :* Mandibule supérieure du bec ressemblant à une nacelle renversée , avec une dent pointue de chaque côté ; *espèces principales :* le cancroma ou savacou , le cancrophage.

5. **PHÉNICOPTÈRES OU FLAMANDS.** — *Caractères :* Bec nu et dentitulé , et comme brisé à son extrémité ; *espèce principale :* le flamand.

FAMILLE DES ÉCHASSIERS CULTRIROSTRES.

1. HÉRONS. — *Caractères :* Bec long , fort épais à sa base; *espèces principales :* le héron , la cigogne.

2. GRUES. — *Caractères :* Bec plus court que le héron, cou d'une longueur énorme; *espèces principales :* la grue, le butor, l'aigrette.

3. MYCTÉRIA OU JABIRUS. — *Caractères :* Bec un peu relevé, point de langue, front charnu; pieds à quatre doigts; *espèce principale :* le mycteria ou jabiru.

4. TANTALES OU IBIS. — *Caractères :* Bec long et tubulé , gorge formée d'une peau extensible , pieds à quatre doigts , palmés à leur base; *espèce principale :* l'ibis ou oiseau de Pharaon.

FAMILLE DES ÉCHASSIERS LATIROSTRES.

1. SPATULES. — *Caractères :* Bec long, mince et terminé à son extrémité par un orbe plane en forme de cuiller ou

de spatule ; *espèces principales :* la spatule , la palette.

FAMILLE DES ÉCHASSIERS LONGIROSTRES.

1. AVOCETTES. — *Caractères :* Bec recourbé, flexible à son extrémité, pieds palmés et à quatre doigts ; le doigt postérieur très-court et placé très-haut ; *espèce principale :* l'avocette.

2. PLUVIERS. — *Caractères :* Pieds n'ayant que trois doigts ; *espèces principales :* le pluvier doré, le guignard, le pluvier à collier, l'échasse.

3. VANNEAUX. — *Caractères :* Bec rond et étroit et de la longueur de la tête ; quatre doigts à chaque pied ; le doigt postérieur très-court n'appuie pas à terre en marchant ; *espèces principales :* le vanneau ordinaire, le combattant, le bécasseau.

4. BÉCASSES. — *Caractères :* Ont le pouce plus long que dans le genre précédent et s'appuyent à terre en

marchant ; *espèces [illegible]*
a bécasse ord[illegible]
le chevalier aux pie[illegible]

5. COURLIS. — *Caractères* : Bec long et arqué vers sa base; *espèces principales :* le courlis ordinaire, le courlis rouge.

FAMILLE DES PALMIPÈDES PRESSIROSTRES.

1. HUITRIERS. — *Caractères :* Bec comprimé, cunéiforme à son extrémité ; pieds à trois doigts ; *espèce principale :* l'huitrier.

2. RALES. — *Caractères :* Bec court, comprimé, pointu ; quatre doigts aux pieds ; *espèces principales :* le râle d'eau et le râle de genêt, la marrouette.

3. FOULQUES OU POULES D'EAU. — *Caractères :* Doigts non palmés, mais bordés d'une membrane, une tache blanche sur le front ; *espèces principales :* la poule d'eau, la morelle, la poule sultane.

2*

4. CHIONIS. — *Caractères* : Bec conique et comprimé , sa mandibule supérieure renfermée dans une gaîne carrée ; face nue et papilleuse ; *espèce principale* : le chionis de la Nouvelle-Zélande.

5. JACANAS. — *Caractères* : Barbillons charnus placés à la base du bec , doigts très-longs ; ongle du pouce long et aigu ; un aiguillon au pli de l'aile ; *espèce principale* : le jacana ou chirurgien.

FAMILLE DES PALMIPÈDES PINNIPÈDES.

1. PÉLICANS. — *Caractères* : Bec long, aplati en-dessus , un espace nu à la base du bec : *espèces principales* : le pélican onocrotale, le cormoran, la frégate , le fou ou paille-en-queue.

2. PHAÉTONS. — *Caractères* : Bec grêle et pointu, comprimé verticalement, légèrement dentelé ; les deux pennes du milieu de la queue très-

longues ; *espèce principale* : l'oiseau des tropiques.

3. AHINGHA. — *Caractères* : Bec droit et
acuminé ; face et menton nus ;
pieds courts ; *espèce principale* :
l'ahingha.

4. STERNES OU HIRONDELLES DE MER. — *Caractères* : Bec droit, effilé, pointu,
lisse, sans dentelures; pieds à demi
palmés ; *espèces principales* : le
pierre garni, le noddi.

5. MOUETTES OU MAUVES. — *Caractères* : Bec
droit et robuste, un peu crochu à
son extrémité ; mandibule inférieure bossue à son origine ; ailes
longues ; langue fendue ; jambes
courtes; *espèces principales* : les
mouettes, les goëlands.

6. RHINCOPS OU BECS EN CISEAUX.—*Caractères:*
Bec droit; mandibule supérieure
beaucoup plus courte que l'inférieure ; elle est tronquée à son extrémité et n'a qu'un tranchant qui
s'engage dans la mandibule supé-

rieure ; *espèce principale* : le bec-
en-ciseaux.

7. PÉTRELS. — *Caractères* : Bec comprimé
et crochu à l'extrémité, qui paraît
une pièce articulée ; mandibules
égales : ongle postérieur attaché
immédiatement au pied ; *espèces
principales* : l'oiseau des tempêtes,
le fulmor, le damier.

8. ALBATROSSES. — *Caractères* : Bec droit,
mandibule supérieure crochue à son
extrémité, l'inférieure tronquée ;
pieds à trois doigts, sans pouces ;
espèce principale : l'albatrosse
ordinaire.

FAMILLE DES PALMIPÈDES SERRIROSTRES.

1. CANARDS. — *Caractères* : bec large, recouvert d'une peau molle ; mandibules garnies intérieurement de
petites lames verticales et parallèles,
bord de la langue frangé ; *espèces
principales* : le canard, le cigne,
l'oie, l'eider, le tadorne, la ma-

creuse, la sarcelle, le cravant, le morillon, la barnache.

2. HARLES. — *Caractères* : Bec subulé, cylindrique, crochu à l'extrémité; chaque mandibule armée d'une rangée de petites dents aiguës et dirigées en avant comme celles d'une scie; *espèces principales :* le harle ou merganser, la piette.

FAMILLES DES PALMIPÈDES BRACHYPTÈRES.

1. COLYMBE OU PLONGEONS. — *Caractères :* Bec droit et acuminé, ouverture dentée. Ils ne peuvent marcher, mais courent et volent bien sur les eaux ; *espèces principales :* les guillemots, les plongeons, le lumme, les grèbes.

2. ALQUES. — *Caractères :* Bec court et comprimé, souvent sillonné transversalement ; mandibule inférieure bossue devant la base, pieds ordinairement à trois doigts; *espèces principales :* les macareux, les pingouins, les guillemots.

3. APTENODITES OU MANCHOTS. — *Caractères :* Bec droit, légèrement comprimé, un peu en couteau, mandibule supérieure sillonnée obliquement, l'inférieure arquée à son extrémité ; *espèces principales :* les manchots.

LA VOLIÈRE

DE LA

JEUNESSE.

~~~~~~~~~~~~~~~~~~~~~~~~~~~~~~~

DESCRIPTION
DES OISEAUX.

———

DES OISEAUX DE PROIE.

On ne comprend sous le nom d'oiseaux de proie que ceux qui se nourrissent de chair et font la guerre aux autres oiseaux. En les comparant aux quadrupèdes carnassiers, on trouve qu'il y en a proportionnellement beaucoup moins. Ceux-ci forment le tiers du nombre total des quadrupèdes , tandis que parmi les oiseaux il n'y en pas un quinzième qui soit carnasssier. Encore plusieurs, tels que les milans, les buses, les corbeaux se nourrissent plus volontiers de cadavres que d'animaux vivans.

Nous ne comprendrons pas dans le nombre
~~~~~~~~~~~~~~~~~~~~~~~~~~~~~~~

des oiseaux de proie cette grande tribu d'oiseaux aquatiques et pêcheurs qui se nourrissent
de poissons.

Tous les oiseaux de proie sont remarquables par une singularité dont il est difficile
de donner la raison ; c'est que les mâles sont
environ un tiers moins forts et moins grands
que les femelles ; tandis que dans les quadrupèdes et dans les autres oiseaux, ce sont comme
on sait , les mâles qui ont le plus de grandeur
et de force. C'est pour cette raison qu'on appelle *tiercelet* le mâle de toutes les espèces
d'oiseaux de proie. Ce nom générique indique
qu'il est d'un tiers plus petit que la femelle.

Ces oiseaux ont tous pour habitude naturelle
et commune le goût de la chasse et l'appetit
de la proie, le vol très-élevé , l'aile et la jambe
fortes , la vue très-perçante. Ils ont la tête
grosse, le bec crochu et quatre doigts à chaque pied, tous quatre bien séparés. Ils habitent
de préférence les lieux solitaires , les montagnes désertes et font communément leurs nids
dans les trous des rochers isolés ou sur les plus
hauts arbres.

Les oiseaux de proie ne sont pas aussi fé-
conds que les autres oiseaux ; La plupart ne
pondent qu'un petit nombre d'œufs. Ils sont

les plus difficiles de tous à priver, mais ils ont presque tous, plus ou moins l'habitude dénaturée de chasser leurs petits hors du nid bien plutôt que les autres et dans un temps où ils leur doivent encore des soins et des secours pour leur subsistance. Cette dureté n'est produite que par un sentiment impérieux qui est le besoin pour soi-même et la nécessité. Tous les animaux qui, par la conformation de leur estomac et de leurs intestins, sont forcés de se nourrir de chair et de vivre de proie, quand même ils seraient nés doux, deviennent bientôt offensifs et méchans par le seul usage de leurs armes et prennent ensuite de la férocité dans l'habitude des combats. Trop pressé de son propre besoin, l'oiseau de proie n'entend qu'impatiemment et sans pitié les cris de ses petits d'autant plus affamés qu'ils deviennent plus grands ; si la chasse devient difficile et que la proie vienne à manquer, il les expulse, les frappe et quelquefois les tue dans un accès de fureur causé par la misère.

Un autre effet de cette dureté naturelle et acquise, est l'insociabilité : les oiseaux de proie, ainsi que les quadrupèdes carnassiers, ne se réunissent jamais les uns avec les autres; ils mènent comme les voleurs une vie erran te e

solitaire ; le besoin de l'amour apparemment
le plus puissant de tous après celui de la nécessité de subsister ; réunit le mâle et la femelle,
et comme tous deux sont en état de se pourvoir, et qu'ils peuvent même s'aider à la guerre
qu'ils font aux autres animaux, ils ne se quittent
guère et ne se séparent pas, même après la saison des amours. On trouve presque toujours une
paire de ces oiseaux dans le même lieu ; mais
presque jamais on ne les voit s'attrouper ni
même se réunir en famille, et ceux qui,
comme les aigles, sont les plus grands, et ont
par cette raison besoin de plus de subsistance,
ne souffrent pas même que leurs petits, devenus leurs rivaux, viennent habiter les lieux voisins de ceux qu'ils habitent ; tandis que tous
les oiseaux et tous les quadrupèdes qui n'ont
besoin pour se nourrir que des fruits de la
terre, vivent en famille et cherchent la société
de leurs semblables.

LE GRAND AIGLE,

Ou *Aigle doré* (planche 1.re). *Famille des
Rapaces plumicolles, genre des Faucons.*

C'est le plus grand de tous les aigles ; la

Balbuzard
Petit Aigle
Aigle commun
Grand Aigle
Orfraye
Jean le blanc
Pygargue

femelle a jusqu'à trois pieds et demi de longueur depuis le bout du bec jusqu'à l'extrémité des pieds, et plus de huit pieds et demi de vol ou d'envergure. Elle pèse seize ou même dix-huit livres. Le mâle est plus petit.

On trouve cette espèce en Grèce, en France dans les montagnes du Bugey, en Allemagne, dans les Pyrénées et en Irlande. Elle existe aussi dans diverses parties de l'Asie et l'Afrique.

L'aigle a plusieurs convenances physiques et morales avec le lion : la force et par conséquent l'empire sur les autres oiseaux comme le lion sur les quadrupèdes : la magnanimité ; ils dédaignent également les petits animaux et méprisent leurs insultes : ce n'est qu'après avoir été long-temps provoqués par les cris importuns de la corneille ou de la pie que l'aigle se détermine à les punir de mort ; d'ailleurs il ne veut d'autre bien que celui qu'il conquiert, d'autre proie que celle qu'il prend lui-même : la tempérance ; il ne mange presque jamais son gibier en entier, et il laisse, comme le lion, les débris et les restes aux autres animaux. Quelqu'affamé qu'il soit, il ne se jete jamais sur les cadavres. Il est encore solitaire comme le lion, habitant d'un désert dont il défend l'entrée et l'usage de la chasse à tous les autres oiseaux.

Car il est peut-être plus rare de voir deux paires d'aigles dans la même portion de montagne
que deux familles de lions dans la même partie
de forêt : ils se tiennent assez loin les uns des
autres pour que l'espace qu'ils se sont départis,
leur fournisse une ample subsistance ; ils ne
comptent la valeur et l'étendue que par le produit de la chasse. L'aigle a de plus les yeux
étincelans, et à peu près de la même couleur
que ceux du lion , les ongles de la même forme, l'haleine tout aussi forte , le cri également
effrayant. Nés tous deux pour le combat et la
proie , ils sont également ennemis de toute société, également féroces, également fiers et difficiles à réduire; on ne peut les apprivoiser qu'en
les prenant tout petits. Ce n'est même qu'avec
beaucoup de patience et d'art qu'on peut dresser à la chasse un jeune aigle de cette espèce ;
il devient même dangereux pour son maître
dès qu'il a pris de la force et de l'âge.

C'est de tous les oiseaux celui qui s'élève le
plus haut ; et c'est par cette raison que les anciens
ont appelé l'aigle , l'oiseau céleste , et qu'ils le
regardaient dans les augures comme le messager de Jupiter. Quoiqu'il ait l'aile très-forte,
comme il a peu de souplesse dans les jambes
il a quelque peine à s'élever de terre, surtout

lorsqu'il est chargé ; il emporte aisément les
oies, les grues ; il enlève aussi les lièvres et même
les petits agneaux, les chevreaux, et lorsqu'il
attaque les faons, les veaux, c'est pour se ras-
sasier sur les lieux de leur sang et de leur chair
et en emporter ensuite les lambeaux dans son
aire ; c'est ainsi qu'on appelle son nid qui est en
effet tout plat et non pas creux comme celui
de la plupart des autres oiseaux ; il le place
ordinairement entre deux rochers, dans un
lieu sec et inaccessible. On assure que le même nid sert à l'aigle pendant toute sa vie ; c'est
réellement un ouvrage assez considérable pour
n'être fait qu'une fois et assez solide pour du-
rer long-temps ; il le construit à peu près
comme un plancher avec de petites perches
ou bâtons de cinq ou six pieds de longueur,
appuyés par les deux bouts et traversés par des
branches souples, recouvertes de plusieurs lits
de jonc et de bruyères ; ce plancher ou ce nid
est large de plusieurs pieds et assez ferme, non-
seulement pour soutenir l'aigle, sa femelle et
ses petits, mais pour supporter encore le poids
d'une grande quantité de vivres : il n'est point
couvert par le haut et n'est abrité que par l'a-
vancement des parties supérieures du rocher.
La femelle dépose ses œufs dans le milieu de

cette aire. Elle n'en pond que deux ou trois qu'elle couve, dit-on, pendant trente jours; mais dans ces œufs il s'en trouve souvent d'inféconds et il est rare de trouver trois aiglons dans un nid.

Les aiglons sont d'abord blancs, puis d'un jaune pâle, et deviennent ensuite d'un fauve assez vif couleur de l'aigle adulte. On assure qu'ils vivent plus d'un siècle. On peut les nourrir avec toute sorte de chair, et faute de chair ils mangent très-bien du pain, des serpens, des lézards. Ils jettent de temps en temps un cri aigu, sonore, perçant et lamentable, et d'un ton soutenu. L'aigle boit rarement et peut-être point du tout lorsqu'il est en liberté, parce que le sang de ses victimes suffit à sa soif.

L'AIGLE COMMUN,

Ou *Aigle fauve* (planche 1.re). *Famille des Rapaces plumicolles, genre des Faucons.*

L'espèce de l'aigle commun est moins pure, et la race en paroît moins noble que celle du grand aigle; elle est composée de deux variétés, l'aigle brun et l'aigle noir. Cette espèce diffère de la précédente par la grandeur, l'aigle commun étant toujours plus petit que le grand aigle ; par les couleurs : il est brun ou noirâtre, mais jamais jaune doré ; par les habitudes naturelles : l'aigle commun nourrit tous ses petits dans son nid, les élève et les conduit ensuite dans leur jeunesse ; au lieu que le grand aigle les chasse hors du nid, et les abandonne à eux-mêmes dès qu'ils sont en état de voler. Elle est aussi plus nombreuse et plus répandue que celle du grand aigle ; celui-ci ne se trouve que dans les pays chauds et tempérés de l'ancien continent ; l'aigle commun, au contraire, préfère les pays froids et se trouve également dans les deux continens. On le voit en France, en Savoie, en Suisse, en Allemagne, en Pologne et en Écosse ; on le retrouve en Amérique, à la baie d'Hudson.

LE PETIT AIGLE,

Ou *Aigle tacheté* (planche 1.re).

Cet aigle est plus petit et moins fort que les autres aigles ; il n'a pas deux pieds et demi de longueur de corps depuis le bout du bec jusqu'à l'extrémité des pieds. On l'a appelé *aigle plaintif*, *aigle criard* ; et ces noms ont été bien appliqués, car il pousse continuellement des plaintes ou des cris lamentables. Son plumage qui est d'un brun obscur, est marqueté sous les jambes et sous les ailes de plusieurs taches blanches ; il a aussi sur la gorge une grande zône blanchâtre : c'est de tous les aigles celui qui s'apprivoise le plus aisément ; il est plus foible, moins fier, moins courageux. La grue est sa plus forte proie ; car il ne prend ordinairement que des canards, d'autres moindres oiseaux et des rats. L'espèce, quoique peu nombreuse en chaque lieu, est répandue dans tout l'ancien continent. Il ne paraît pas qu'elle soit en Amérique. Si ce petit aigle qui est beaucoup plus docile, plus aisé à apprivoiser que les deux autres, et qui est aussi moins lourd sur le poing, et moins dangereux pour son maître, se fût trouvé également courageux, on n'aurait pas manqué de s'en servir pour la chasse, mais il est aussi lâche que plaintif et criard : un épervier bien dressé suffit pour le vaincre et l'abattre.

LE PIGARGUE,

Ou Aigle à queue blanche (planche 1.re). Famille des Rapaces plumicolles , genre des Faucons.

On distingue trois variétés du pigargue, savoir, le grand pigargue, le petit pigargue, le pigargue à tête blanche. Les pigargues diffèrent des aigles par la nudité de leurs jambes : les aigles les ont couvertes de plumes jusqu'au talon ; par la couleur du bec qui est jaune ou blanc chez les pigargues, et noirâtre chez les aigles ; et enfin par la blancheur de leur queue. Ils diffèrent encore des aigles par quelques habitudes naturelles ; ils n'habitent pas les lieux déserts ni les hautes montagnes ; les pigargues se tiennent plutôt à portée des plaines et des bois qui ne sont pas éloignés des lieux habités. Il paraît que cet oiseau, comme l'aigle commun, affecte les climats froids de préférence. On le trouve dans toutes les provinces du nord de l'Europe. Le grand pigargue est à peu près de la même grosseur et de la même force, si même il n'est pas plus fort que l'aigle commun : il est au moins plus carnassier, plus féroce, moins attaché à ses petits; car il ne les nourrit pas long-temps ; il les chasse hors du nid avant qu'ils soient en état de se pourvoir , et on prétend que sans le secours de l'orfraie qui les prend alors sous sa protection, la plupart périraient. Leur nid qu'ils établissent sur de gros arbres est à peu près construit de la même manière que celui des aigles. Ce sentiment contre nature qui porte ces oiseaux à chasser leurs petits avant qu'ils puissent se procurer aisément leur subsistance , et qui est commun à l'espèce du grand aigle et du petit aigle tacheté , indique que ces trois espèces sont plus voraces et plus paresseuses à la chasse, que celle de l'aigle commun qui soigne et nourrit largement ses petits , les conduit ensuite , les instruit à chasser , et ne les oblige à s'éloigner que quand ils sont assez forts pour se passer de tout secours : d'ailleurs le naturel des petits tient de celui de leurs parens; les aiglons de l'espèce commune sont doux et assez tranquilles ; au lieu que ceux du grand aigle et du pigargue, dès qu'ils sont un peu grands, ne cessent de se battre et de se disputer la nourriture et la place dans le nid ; en sorte que souvent le père et la mère en tuent quelqu'un pour terminer le débat.

LE BALBUZARD,

Ou *Aigle marin.* (planche 1.re). *Famille des Rapaces plumicolles, genre des Faucons.*

Le Balbuzard ressemble plus aux aigles qu'aux autres oiseaux de proie ; mais il est bien plus petit et il n'a ni le port, ni la figure, ni le vol de l'aigle. Ses habitudes naturelles sont aussi très-différentes, ainsi que ses appétits, ne vivant que de poissons qu'il prend dans l'eau, même à quelques pieds de profondeur. On voit quelquefois cet oiseau demeurer pendant plus d'une heure perché sur un arbre à portée d'un étang jusqu'à ce qu'il aperçoive un gros poisson sur lequel il puisse fondre et l'emporter ensuite dans ses serres. Il a les jambes nues et ordinairement de couleur bleuâtre, les ongles très-grands et aigus, les pieds et les doigts si roides qu'on ne peut les fléchir ; le ventre tout blanc, la queue large et la tête grosse et épaisse.

L'espèce du balbuzard est l'une des plus nombreuses des grands oiseaux de proie ; elle est répandue assez généralement en Europe, du nord au midi, depuis la Suisse jusqu'en Grèce. On la trouve ordinairement dans les terres méditerranées voisines des rivières, des

étangs et des eaux douces. Le balbuzard est
moins fier et moins fér oce que l'aigle ou le pigargue ; et on prétend qu'on peut aisément le
dresser pour la pêche, comme on dresse les
oiseaux pour la chasse.

L'ORFRAIE,

Ou *grand Aigle de mer* (pl. 1.re). *Famille
des Rapaces plumicolles , genre des
Faucons.*

L'orfraie est à peu près aussi grande que le
grand aigle , mais elle a les ailes plus courtes.
On la reconnaît à ses ongles d'un noir brillant
et formant un demi-cercle entier ; à ses jambes
nues, à la partie inférieure , dont la peau est
couverte de petites écailles d'un jaune vif ; enfin, à la barbe de plumes qui pend sous le
menton ; ce qui lui a fait donner le nom d'aigle
barbu. L'orfraie se tient volontiers près des
bords de la mer , et assez souvent au milieu
des terres à portée des lacs , des étangs et des
rivières poissonneuses ; elle n'enlève que le
plus gros poisson , mais cela n'empêche pas
qu'elle ne prenne du gibier ; et comme elle
est très-grande et très-forte , elle ravit et em-

porte aisément les oies et les lièvres, et même les agneaux et les chévreaux. Cet oiseau pêche et chasse la nuit comme le jour ; il voit plus mal que l'aigle à la grande lumière; il voit peut-être plus mal que la chouette, dans l'obscurité; mais il tire plus parti que l'un ou l'autre de la conformation singulière de ses yeux qui n'appartient qu'à lui et qui est aussi différente de celle des yeux des oiseaux de nuit que de celle des oiseaux de jour.

Cette espèce, quoique peu nombreuse, est assez répandue en France et dans les autres pays témpérés des deux continens.

LE JEAN-LE-BLANC. (pl. 1.re).

Famille des Rapaces plumicolles, genre des Faucons.

Le jean-le-blanc s'éloigne encore plus des aigles que tous les oiseaux précédens. Il n'a de rapport au pigargue que par ses jambes dénuées de plumes, et par la blancheur de sa queue. Il se rapproche du balbuzard par les proportions du corps et par celles de ses ailes. Il a environ deux pieds de longueur depuis le bout du bec jusqu'à l'extrémité des pieds. Son plumage est brun sur le dos : la gorge, la poitrine, le ventre et les côtés sont blancs, variés de taches longues et de couleur d'un brun-roux.

Il est très-commun en France, et il n'y a guère de villageois qui ne le connaissent et ne le redoutent pour leurs poules. Le mâle pourvoit abondamment à la subsistance de sa femelle pendant tout le temps de l'incubation, et même pendant le temps qu'elle soigne et élève ses petits. Il fréquente les prés, les lieux habités, et surtout les hameaux et les fermes ; il saisit et enlève les poules, les jeunes dindons, les canards privés ; et lorsque la volaille lui manque, il prend des lapreaux, des perdrix, des cailles et d'autres moindres oiseaux : il ne dédaigne pas même les mulots et les lézards. Comme ces oiseaux et surtout les femelles ont les ailes courtes et le corps gros, leur vol est pesant, et ils ne s'élèvent jamais à une grande hauteur : on les voit toujours voler bas et saisir leur proie plutôt à terre que dans l'air. Leur cri est une espèce de sifflement aigu qu'ils ne font entendre que rarement : ils ne chassent guère que le matin et le soir, et ils se reposent dans le milieu du jour.

l'Aigle Couronné

Oiseaux étrangers qui ont rapport aux Aigles et Balbuzards.

L'AIGLE DES GRANDES INDES.

Cet oiseau, la moitié moins grand que le plus petit des aigles, ressemble au balbuzard par la peau nue qui couvre la base du bec, qui est d'une couleur bleuâtre, ses pieds sont jaunes comme ceux du pigargue ; son bec cendré à son origine et d'un jaune pâle à son bout, semble participer, pour les couleurs, du bec des aigles et de celui des pigargues. Sa tête son cou, et toute sa poitrine sont couverts de plumes très-blanches ; le reste du corps est couleur de marron lustré, moins foncé sous les ailes. Les Malabares en ont fait une idole et lui rendent un culte ; mais c'est plutôt par la beauté de son plumage, que par sa grandeur et sa force, qu'il a mérité cet honneur : on peut dire en effet que c'est un des plus beaux oiseaux du genre des oiseaux de proie.

L'AIGLE COURONNÉ (pl. 2.).

Il est un peu plus petit que l'aigle commun, et approche de l'aigle tacheté par la variété de son plumage qui est d'un gris clair marqué de taches noires ; mais il a pour caractères propres et spécifiques les extrémités des ailes et de la queue bordées d'un jaune blanchâtre, deux plumes noires longues de plus de deux pouces, et deux autres plumes plus petites, toutes quatre placées sur le sommet de la tête et qu'il peut baisser ou relever à volonté : on le trouve sur les côtes occidentales de l'Afrique, au Brésil et au Pérou.

LES VAUTOURS,

Famille des Rapaces nudicolles.

On a donné aux aigles le premier rang parmi les oiseaux de proie, non pas parce qu'ils sont plus forts ou plus grands que les vautours, mais parce qu'ils sont plus généreux, c'est-à-dire, moins bassement cruels ; leurs mœurs sont plus fières, leurs démarches plus hardies, leur courage plus noble, ayant au moins autant de goût pour la guerre que d'appétit pour la proie ; les vautours, au contraire, n'ont que de l'instinct

Pl. 5.
Petit Vautour 
Vautour
Percnoptère
Vautour
de
Malthe.
Vautour
à
Aigrette
Roi des Vautours
Griffon

la basse gourmandise et de la voracité ; ils ne combattent guère les vivans que quand ils ne peuvent s'assouvir sur les morts. L'aigle attaque ses ennemis ou ses victimes corps à corps ; seul il les poursuit, les combat, les saisit : les vautours, au contraire, pour peu qu'ils prévoient de résistance se réunissent en troupe comme de lâches assassins, et sont plutôt des voleurs que des guerriers, des oiseaux de carnage que des oiseaux de proie ; car dans ce genre il n'y a qu'eux qui se mettent en nombre, et plusieurs contre un ; il n'y a qu'eux qui s'acharnent sur les cadavres au point de les déchiqueter jusqu'aux os : la corruption, l'infection les attire, au lieu de les repousser. Les éperviers, les faucons, et jusqu'aux plus petits oiseaux, montrent plus de courage ; car ils chassent seuls, et presque tous dédaignent la chair morte, et refusent celle qui est corrompue. Dans les oiseaux, comparés aux quadrupèdes, le vautour semble réunir la force et la cruauté du tigre avec la lâcheté et la gourmandise du chacal, qui se met également en troupe pour dévorer les charognes et déterrer les cadavres ; tandis que l'aigle a, comme nous l'avons dit, le cou-

3*

rage, la noblesse, la magnanimité et la munificence du lion.

On doit donc d'abord distinguer les vautours des aigles par cette différence de naturel, et on les reconnaîtra à la simple inspection, en ce qu'ils ont les yeux à fleur de tête, au lieu que les aigles les ont enfoncés dans l'orbite. La tête nue, le cou aussi presque nu, couvert d'un simple duvet ou mal garni de quelques crins épars; tandis que l'aigle a toutes les parties bien couvertes de plumes; à leur attitude plus penchée que celle de l'aigle, qui se tient fièrement, droit et presque perpendiculairement sur ses pieds; au lieu que le vautour, dont la situation est à demi-horizontale, semble marquer la bassesse de son caractère par la position inclinée de son corps : on reconnaîtra même les vautours de loin, en ce qu'ils sont presque les seuls oiseaux de proie qui volent en nombre, c'est-à-dire, plus de deux ensemble; et aussi parce qu'ils ont le vol pesant, et qu'ils ont même beaucoup de peine à s'élever de terre, étant obligés de s'essayer et s'efforcer à trois ou quatre reprises différentes, avant de pouvoir prendre leur plein essor.

LE PERCNOPTÈRE,

ou *Vautour des Alpes* (pl. 3.)

Cet oiseau approche du grand aigle pour
la grosseur du corps, mais il n'a pas la même
étendue du vol. Il a tous les vices de l'aigle,
sans avoir aucune de ses bonnes qualités ; se
laissant chasser et battre par les corbeaux,
étant paresseux à la chasse, pesant au vol,
toujours criant, lamentant, toujours affamé
et cherchant des cadavres. Il a la tête d'un
bleu clair, le cou blanc et nu, c'est-à-dire,
couvert, comme la tête, d'un léger duvet
blanc, avec un collier de plumes blanches et
roides au-dessous du cou en forme de fraise.
Il est, de plus, fort remarquable par une
tache brune en forme de cœur qu'il porte sur
la poitrine au-dessous de sa fraise : en général,
cet oiseau est d'une vilaine figure, et mal pro-
portionné ; il est même dégoûtant par l'écou-
lement continuel d'une humeur qui sort de ses
narines et de deux autres trous qui se trouvent
dans son bec ; il a le jabot proéminent, et
lorsqu'il est à terre il tient toujours les ailes
étendues, habitude qui appartient non-seu-

lement à cette espèce, mais encore à la plupart des vautours et à quelques autres oiseaux de proie. L'espèce du percnoptère est assez rare ; on la trouve néanmoins dans les Pyrénées, dans les Alpes et dans les montagnes de la Grèce.

LE GRIFFON,

ou *Vautour fauve* (pl. 3.)

Cet oiseau est encore plus grand que le percnoptère ; il a aussi un collier de plumes blanches ; sa tête est surmontée d'une aigrette de pareilles plumes. Il est remarquable par son jabot, qui, au lieu d'être proéminent comme celui du percnoptère, présente une concavité garnie de poils.

LE VAUTOUR, OU GRAND VAUTOUR,

ou *Vautour cendré* (pl. 3.)

Il est plus gros et plus grand que l'aigle commun, mais un peu moindre que le griffon, duquel on le distingue au duvet long, fourni et noirâtre qui couvre son cou, à l'espèce de cravatte blanche qui part des deux côtés de la tête, et s'étend en deux branches jusqu'au bas du cou ; par les pieds, qui sont, dans le vautour, couverts de plumes brunes, tandis que dans le griffon les pieds s ont jaunâtres.

LE VAUTOUR A AIGRETTES,

ou *Vautour huppé* (pl. 3.)

Ce vautour, moins grand que les trois premiers, a le bec noir et crochu, le plumage d'un roux noirâtre, les pieds jaunes. Lorsqu'il est en repos à terre ou perché, il redresse les plumes de sa tête, qui lui font alors comme deux cornes, que l'on n'aperçoit plus quand il vole. Il poursuit les oiseaux de toute espèce et il en fait sa proie ; il chasse aussi les lièvres, les lapins, les jeunes renards et les petits faons, et n'épargne pas même le poisson. Il est d'une telle férocité, qu'on ne peut l'apprivoiser ; non-seulement il poursuit sa proie au vol, mais encore à la course ; il vole avec grand bruit ; il niche dans les forêts épaisses et désertes et sur les arbres les plus élevés ; il mange la chair et les entrailles des animaux vivans, et même les cadavres.

Les vautours sont plus nombreux dans les climats chauds qu'ailleurs ; on les trouve surtout en Egypte, en Arabie, dans les îles de l'Archipel et dans plusieurs autres provinces de l'Afrique et de l'Arabie. On fait d'excellentes fourrures de leur peau, dont le cuir, presque aussi épais que celui d'un chevreau, est recouvert d'un duvet très-fin.

LE PETIT VAUTOUR (pl. 3.)

Ce petit vautour, que l'on nomme aussi *Vautour à tête blanche*, est presque entièrement blanc, à l'exception des grandes plumes des ailes, qui sont noires. Il se trouve communément en Arabie, en Egypte, en Grèce, en Allemagne et jusqu'en Norwége.

LE VAUTOUR BRUN OU DE MALTE (pl. 3.)

Cette espèce de vautour, qu'on ne trouve point en Europe, appartient aux climats d'Afrique.

LE SACRE,

ou *Vautour d'Egypte.*

Cet oiseau se voit par grandes troupes dans les terres stériles et sabloneuses qui avoisinent les pyramides d'Égypte ; il se tient toujours à terre, et se repaît, comme les autres vautours de toute viande et chair corrompues. Un voyageur rapporte que les Mahométans regardent cet oiseau comme sacré, et que le pacha donne tous les jours deux bœufs pour les nourrir, ce qui paraît être un reste de l'ancienne superstition des Egyptiens.

LE ROI DES VAUTOURS,

ou *Vautour papa* (pl. 3.)

C'est le plus bel oiseau du genre des vautours. Il n'est pas plus gros qu'un dindon femelle, et n'a pas les ailes à proportion si grandes que les autres vautours ; son bec est entièrement rouge chez quelques individus, et dans d'autres il ne l'est qu'à son extrémité, et noir dans son milieu. Sa base est environnée et couverte d'une peau de couleur

orange, large et s'élevant de chaque côté
jusqu'au haut de la tête, et c'est dans cette
peau que sont placées les narines, entre lesquelles cette peau s'élève comme une crête
dentelée et mobile, et qui tombe indifféremment de côté ou d'autre, selon le mouvement de tête que fait l'oiseau ; ses yeux sont
environnés d'une peau rouge écarlate, et l'iris
a la couleur et l'éclat des perles ; la tête et le
cou, dénués de plumes, sont couverts d'une
peau de couleur de chair sur le haut de la
tête, et d'un rouge plus vif sur le derrière ;
au-dessous du derrière de la tête, s'élève une
petite touffe de duvet noir, de laquelle sort
et s'etend de chaque côté, sous la gorge,
une peau de couleur brunâtre, mêlée de
bleu et de rouge dans sa partie postérieure.
Au-dessous de la partie nue du cou est une
espèce de collier ou de fraise, formé par
des plumes douces assez longues et d'un
cendré foncé ; ce collier, qui entoure le cou
entier et descend sur la poitrine, est assez ample
pour que l'oiseau puisse, en se resserrant, y
cacher son cou et partie de sa tête comme
dans un capuchon ; les plumes de la poitrine,
du ventre, des cuisses, sont blanches et teintes
d'un peu d'aurore ; les plumes de la queue et

es grandes plumes des ailes sont noires. Ce bel oiseau n'habite que les pays les plus chauds de l'Amérique ; on le trouve dans les terres qui s'étendent du Brésil à la Nouvelle-Espagne. Au reste, il n'est ni propre, ni noble, ni généreux ; il n'attaque que les animaux les plus faibles, et ne se nourrit que de rats, de lézards, de serpens, et même des excrémens des animaux et des hommes : aussi a-t-il une très-mauvaise odeur, et les sauvages mêmes ne peuvent manger de sa chair.

LE MARCHAND OU L'URUBU,

Surnommé le *Vautour chasse-fiente.*

Il n'est guère que de la grosseur d'une oie sauvage ; la tête ainsi que le cou est couverte d'une peau nue et raboteuse, variée de bleu, de blanc et de rougeâtre, et semée de quelques points noirs assez rares. Les plumes de tout le corps sont brunes ou noirâtres avec un reflet de couleur changeante de vert et de pourpre obscur. Cet oiseau est encore plus lâche, plus sale et plus vorace que les autres vautours, se nourrissant plutôt de chair morte et de vidanges, que de chair vivante. Il a néanmoins le vol élevé et assez rapide pour poursuivre une proie, s'il en avait le courage, mais il n'attaque guère que les cadavres ; et s'il chasse quelquefois, c'est en se réunissant en grandes troupes pour tomber en nombre sur quelque animal endormi ou blessé. Il arrive souvent qu'un bœuf qu'on laisse retourner seul à son étable, après l'avoir ôté de la charrue, se couche sur le chemin pour se reposer ; si ces oiseaux l'aperçoivent, ils tombent immanquablement sur lui et le dévorent. Ils séparent avec tant d'art les chairs d'avec les os et la peau, que ce qui reste est un squelette parfait couvert même de la peau, sans qu'il y ait rien de dérangé ; on ne saurait même s'apercevoir que ce cadavre est vide, que lorsqu'on en est tout près ; lorsqu'ils veulent attaquer une vache ou un bœuf, ils se rassemblent ; ils viennent fondre dessus au nombre de cent et quelquefois même davantage : ils ont l'œil si excellent qu'ils découvrent leur proie, à une extrême hauteur et dans le temps qu'euxmêmes ils échappent à la vue la plus perçante ; et aussitôt qu'ils voient le moment favorable, ils tombent sur l'animal qu'ils guettent.

Cette espèce de vautour se trouve également dans le continent de l'Afrique et dans celui de l'Amérique méridionale.

LE CONDOR.

Si la faculté de voler est un attribut essentiel à l'oiseau, le condor doit être regardé comme le plus grand de tous; l'autruche, le casoar et le dronte, dont les ailes et les plumes ne sont pas conformées pour le vol, et qui, par cette raison, ne peuvent quitter la terre, ne doivent pas lui être comparés; ce sont, pour ainsi dire, des oiseaux imparfaits, des espèces d'animaux terrestres bipèdes qui font une nuance mitoyenne entre les oiseaux et les quadrupèdes, dans un sens, tandis que les roussettes, les rougettes et les chauve-souris font une semblable nuance, mais en sens contraire, entre les quadrupèdes et les oiseaux. Le condor possède, même à un plus haut degré que l'aigle, toutes les qualités, toutes les puissances que la nature a départies aux espèces les plus parfaites de cette classe d'êtres; il a jusqu'à dix-huit pieds de vol ou d'envergure, le corps, le bec et les serres à proportion aussi grands et aussi forts; le courage égal à la force. On rapporte qu'il ravit et dévore une brebis entière; et n'épargne pas même les cerfs; qu'il renverse aisément un homme et peut facilement tuer un enfant de dix à douze ans.

Cet oiseau se rapproche des aigles par sa fierté et son courage ; mais sa tête et son cou dénués de plumes, l'ont fait ranger dans la classe des vautours ; sa gorge et le dessus du ventre sont d'un brun clair, qui prend une teinte plus obscure sur le manteau ; les grandes plumes de ses ailes sont d'un beau noir luisant.

En 1779, on tua en France un grand oiseau qui paraît être de l'espèce du condor. Il pesait dix-huit livres et avait dix-huit pieds de vol. Le laemer-geier ou vautour des agneaux, qui a souvent été vu en Allemagne et en Suisse, en différens temps, est probablement aussi le condor. Ainsi l'espèce de ce grand oiseau, quoique peu nombreuse, est néanmoins répandue dans les deux continens ; mais c'est au Pérou qu'on le trouve le plus fréquemment.

LE MILAN ET LES BUSES.

Famille des Rapaces plumicolles, genre des Faucons.

Le milan et les buses, oiseaux ignobles, immondes et lâches, doivent suivre les vautours auxquels ils ressemblent par le naturel et les mœurs : ceux-ci, malgré leur peu de généro-

Bondrée
Buse
Milan
Busard
Harpaye
Soubuse
Oiseau St Martin
Pl. 2

sité, tiennent par leur grandeur et leur force l'un des premiers rangs parmi les oiseaux. Les milans et les buses, qui n'ont pas ce même avantage, et qui leur sont inférieurs en grandeur, y suppléent et les surpassent par le nombre ; partout ils sont beaucoup plus communs, plus incommodes que les vautours ; ils fréquentent plus souvent et de plus près les lieux habités ; ils font leur nid dans des endroits plus accessibles ; ils restent rarement dans les déserts ; ils préfèrent les plaines et les collines fertiles aux montagnes stériles : comme toute proie leur est bonne, que toute nourriture leur convient, et que plus la terre est peuplée de végétaux, plus elle est en même temps peuplée d'insectes, de reptiles, d'oiseaux et de petits animaux; ils établissent ordinairement leur domicile au pied des montagnes, dans les terres les plus vivantes, les plus abondatnes en gibier, en volaille et en poisson; sans être courageux, ils ne sont pas timides ; ils ont une sorte de stupidité qui leur donne l'air de l'audace tranquille, et semble leur ôter la connaissance du danger : on les approche, on les tue plus aisément que les aigles ou les vautours ; détenus en captivité, ils sont encore moins susceptibles d'éducation:

de tout temps on les a proscrits, rayés de la liste des oiseaux nobles, et rejetés de l'école de la fauconnerie : de tout temps on a comparé l'homme grossièrement impudent au milan, et la femme tristement bête à la buse.

Quoique ces oiseaux se ressemblent par le naturel et par la grandeur du corps, par la forme du bec et par plusieurs autres attributs, le milan est néanmoins aisé à distinguer par sa queue fourchue, par ses ailes, proportionnellement plus longues que celles des buses, et par son vol plus aisé : aussi passe-t-il sa vie dans l'air ; il ne se repose presque jamais, et parcourt chaque jour des espaces immenses ; et ce grand mouvement n'est point un exercice de chasse, ni une poursuite de proie, ni même de découverte, car il ne chasse pas ; mais il semble que le vol soit son état naturel, sa situation favorable : on ne peut s'empêcher d'admirer la manière dont il l'exécute ; ses ailes longues et étroites paraissent immobiles ; c'est la queue qui semble diriger toutes ses évolutions, elle agit sans cesse ; il s'élève sans effort, il s'abaise comme s'il glissait sur un plan incliné ; il semble plutôt nager que voler ; il précipite sa course, il la ralentit, s'arrête et reste suspendu, ou fixé à la même place pendant des heures entières, sans qu'on puisse s'apercevoir d'aucun mouvement dans ses ailes.

Il n'y a dans notre climat qu'une seule espèce de milan, appelé *milan royal*, (pl. 4), parce qu'il servait aux plaisirs des princes, qui lui faisaient donner la chasse et livrer combat par le faucon et l'épervier ; on voit en effet avec plaisir cet oiseau lâche, quoique doué de toutes les facultés qui devraient lui donner du courage, ne manquant ni d'armes ni de forces, ni de légèreté, refuser de combattre et fuir devant l'épervier , beaucoup plus petit que lui, toujours en tournoyant et s'élevant pour se cacher dans les nues, jusqu'à ce que celui-ci l'attaque, le rabatte à coups d'ailes, de serres et de bec, et le ramène à terre, moins blessé que battu , et plus vaincu par la peur que par la force de son ennemi.

Le milan dont le corps entier ne pèse guère que deux livres et demie, qui n'a que seize ou dix-sept pouces de longueur depuis le bout du becjusqu'à l'extrémité des pieds, a néanmoins près de cinq pieds de vol ou d'envergure. Cette espèce de milan est commune en France, surtout dans les provinces de la Franche-

Comté, du Bugey, de l'Auvergne ; ce ne sont pas des oiseaux de passage, car ils font leur nid dans le pays ; ils s'établissent dans le creux des rochers.

Il y a une autre espèce de milan, dont la queue n'est pas fourchue : on l'appelle *milan noir*. Elle est beaucoup moins commune en France que celle du milan royal. Elle ne se trouve daus nos climats que comme oiseau de passage.

LA BUSE (pl. 4).

La buse, oiseau très-commun en France, n'a guère que quatre pieds et demi de vol, sur vingt ou vingt-un pouces de longueur de corps. Il demeure pendant toute l'année dans nos forêts, et paraît assez stupide, soit dans l'état de domesticité, soit dans celui de liberté ; il est assez sédentaire et même paresseux ; il reste souvent plusieurs heures de suite perché sur le même arbre. Cependant la buse femelle élève et soigne ses petits plus long-temps que les autres oiseaux de proie, qui, presque tous, les chassent du nid avant qu'ils soient en état de se pourvoir aisément : on assure même que le male de la buse nourrit et soigne ses petits lorsqu'on a tué leur mère.

Cet oiseau de rapine ne saisit pas sa proie au vol : il reste sur un arbre, un buisson ou une motte de terre, et de là se jette sur tout le petit gibier qui passe à sa portée ; il prend les levrauts et les jeunes lapins, aussi bien que les perdrix et les cailles ; il dévaste les nids de la plupart des oiseaux ; il se nourrit aussi de grenouilles, de lézards, de serpens, de sauterelles, etc., lorsque le gibier lui manque.

Son plumage varie beaucoup : il y en a qui sont entièrement blancs, d'autres qui n'ont que la tête blanche, d'autres enfin dont le plumage est mélangé de brun et de blanc.

LA BONDRÉE (pl. 4).

Cet oiseau ressemble tellement au précédent, que plusieurs naturalistes ont confondu ces deux espèces ; mais il en diffère par son bec un peu plus long, et par la couleur de ses yeux et de ses jambes, d'un jaune plus vif que chez la buse. Du reste, la bondrée et la buse habitent les mêmes contrées, et leurs mœurs ont beaucoup de rapport.

L'OISEAU SAINT-MARTIN (pl. 4).

Cet oiseau auquel on a donné le nom de faucon lanier, ou lanier cendré, est un peu plus gros que la corneille ordinaire. Il se trouve assez communément en France, aussi bien qu'en Allemagne et en Angleterre.

LA SOUBUSE (pl. 4).

La soubuse ressemble à l'oiseau-saint-martin, par le naturel et les mœurs ; tous deux volent bas pour saisir des mulots et des reptiles ; tous deux entrent dans les basses-cours, fréquentent les colombiers, pour prendre les jeunes pigeons, les poulets ; tous deux sont des oiseaux ignobles qui n'attaquent que les foibles. La soubuse se trouve dans les mêmes pays que l'oiseau-saint-martin.

LA HARPAYE (pl. 4.).

La harpaye, qui a beaucoup de rapport avec les deux oiseaux précédens, prend le poisson comme le jean-le-blanc, et le tire vivant hors de l'eau. Il se trouve en France, comme en Allemagne, et fréquente les lieux bas et les bords des fleuves et des étangs.

Epervier
Lanier
Autour
Gerfaut
Sacre

LE BUSARD (pl. 4).

Cet oiseau est plus vorace et moins paresseux que la buse : il fait une cruelle guerre aux lapins, et il est aussi avide de poisson que de gibier ; au lieu d'habiter, comme la buse, les montagnes boisées, il ne se tientque dans les buissons, les haies, les joncs, et à portée des étangs, des marais et des rivières poissonneuses. Le busard chasse de préférence les oiseaux d'eau ; au défaut de gibier et de poisson, il se nourrit de reptiles, de crapauds, de grenouilles et d'insectes aquatiques. Il vole plus pesamment que le milan ; lorsqu'on veut le faire chasser par des faucons, un seul ne suffit pas : comme il a plus de force et de courage que le milan, il faut lâcher deux ou trois faucons pour le prendre.

L'ÉPERVIER (pl. 5).

Famille des Rapaces plumicolles, genre des Faucons.

L'épervier est à peu près de la grosseur d'une pie ; l'espèce en est assez nombreuse ;

la femelle est beaucoup plus grosse que le mâle ; elle fait son nid sur les arbres les plus élevés des forêts : au reste, l'épervier, tant mâle que femelle, est assez docile : on l'apprivoise aisément, et l'on peut le dresser pour la chasse des perdreaux et des cailles ; il prend aussi des pigeons séparés de leur compagnie, et fait une prodigieuse destruction de pinçons et des autres petits oiseaux qui se mettent en troupes pendant l'hiver. Indépendamment des éperviers qui restent toute l'année dans notre climat, il paraît que, dans certaines saisons, il en passe une grande quantité dans d'autres pays, et qu'en général l'espèce se trouve répandue dans l'ancien continent, depuis la Suède jusqu'au cap de Bonne-Espérance.

L'AUTOUR (pl. 5).

Famille des Rapaces plumicolles, genre des Faucons.

L'autour est un bel oiseau, beaucoup plus grand que l'épervier, auquel il ressemble néanmoins par les habitudes naturelles, et par un caractère qui leur est commun, et qui dans les oiseaux de proie, n'appartient qu'à eux et aux pies-grièches, c'est d'avoir les ailes courtes ; en sorte que quand elles sont pliées, elles ne s'étendent pas, à beaucoup près, à l'extrémité de la queue. L'autour, avant sa première mue, c'est-à-dire, pendant la première année de son âge, porte sur la poitrine et sur le ventre, des taches brunes perpendiculairement longitudinales ; mais lorsqu'il a subi ses deux premières mues, ces taches longitudinales disparaissent, et il s'en forme de transversales, qui durent pour le reste de la vie. On remarque le même phénomène chez l'épervier.

L'autour se trouve dans les montagnes de la Franche-Comté, du Dauphiné, du Bugey, dans les forêts de la Bourgogne, et même aux environs de Paris.

Ayant fait nourrir long-temps un autour mâle et un autour femelle, M. de Buffon a remarqué que, quoique le mâle fût beaucoup plus petit que la femelle, il était plus féroce et plus méchant : ils sont tous deux assez difficiles à priver ; ils se battaient souvent, mais plus des griffes que du bec, dont ils ne se servent que pour dépecer les oiseaux ou autres petits animaux, ou pour blesser ou mordre ceux qui veulent les saisir : ils commencent par se défendre de la griffe, se renversent sur le dos en ouvrant le bec, et cherchant beaucoup plus à déchirer avec les serres, qu'à mordre avec le bec. Jamais on ne s'est aperçu que ces oiseaux, quoique seuls dans la même volière, aient pris de l'affection l'un pour l'autre. Ils étaient ensemble depuis six à sept mois, lorsque la femelle, dans un accès de fureur, tua le mâle dans le silence de la nuit, tandis que tous les autres oiseaux étaient endormis : leur naturel est si sanguinaire, que quand on laisse un autour en liberté avec plusieurs faucons, il les égorge tous les uns après les autres ; cependant il semble manger de préférence les souris, les mulots, les petits oiseaux : il se jette avidement sur la chair saignante, et refuse la viande cuite, à moins que la faim ne le presse. Son cri est fort rauque, et finit toujours par des sons aigus, d'autant plus désagréables, qu'il les répète plus souvent ; il marque aussi une inquiétude continuelle dès qu'on l'approche, et semble s'effaroucher de tout ; en sorte qu'on ne peut passer auprès de la volière où il est détenu, sans le voir s'agiter violemment, et l'entendre jeter plusieurs cris répétés.

L'autour est un oiseau de chasse. Les fauconniers divisent les oiseaux de chasse en deux

classes, savoir, ceux de la fauconnerie proprement dite, et ceux de l'autourserie; et dans
cette seconde classe ils comprennent non-seulement l'autour, mais encore l'épervier, les
harpayes, les buses, etc.

LE GERFAUT (pl. 5).

Famille des Rapaces plumicolles, genre des Faucons.

Le gerfaut, tant par sa figure que par le
naturel, doit être regardé comme le premier
de tous les oiseaux de la fauconnerie; car il les
surpasse de beaucoup en grandeur : il est au
moins de la taille de l'autour, mais il en diffère par des caractères généraux et constans
qui distinguent tous les oiseaux propres à être
élevés pour la fauconnerie, de ceux auxquels
on ne peut pas donner la même éducation.
Ces oiseaux de chasse nobles sont les gerfauts,
les faucons, les sacres, les laniers, les ho-
breaux, les émérillons et les cresserelles. Entr'autres caractères distinctifs, ils ont tous les
ailes aussi longues que la queue, au lieu que
dans les autours, les éperviers, les milans et
les buses qui ne sont pas oiseaux aussi nobles

ni propres aux mêmes exercices, la queue est plus longue que les ailes.

Le plumage du gerfaut est brun sur toutes les parties supérieures du corps, blanc tacheté de brun sur toutes les parties inférieures, avec la queue grise traversée de lignes brunes. Cet oiseau qui se trouve assez communément en Islande, est naturel aux pays froids du nord de l'Europe et de l'Asie. C'est, après l'aigle, le plus puissant, le plus vif et le plus courageux des oiseaux de proie ; ce sont aussi les plus chers et les plus estimés de la fauconnerie. Ils attaquent les plus grands oiseaux, et font aisément leur proie de la cigogne, du héron et de la grue ; ils tuent les lièvres en se laissant tomber à plomb dessus. Chardin rapporte qu'en Perse, on fait un tel cas des gerfauts, que le roi a seul le privilége d'en posséder ; et qu'on les évalue jusqu'à cent tomans la pièce (4500 francs).

LE LANIER (pl. 5).

Famille des Passereaux crénirostres.

Le lanier dont on faisait autrefois beaucoup d'usage dans la fauconnerie, est aujourd'hui

Faucon Noir.
Faucon Sors
Faucon Hagard
Rochier
Cresserelle
Hobreau
Emerillon
Manette Miss Sculp

très-rare en France, et même dans tout le reste de l'Europe. On le reconnaît à son bec et à ses pieds bleus. Il est plus docile et d'un naturel plus doux que le faucon ordinaire , et les fauconniers en faisaient beaucoup de cas.

LE SACRE (pl. 5).

Famille des Passereaux crenirostres , genre des Laniers.

Le sacre est devenu aussi rare que le lanier : on n'en trouve plus en France. Il a, comme le lanier , le bec et les pieds bleus ; son plumage est d'une couleur enfumée ; il est à peu près de la grandeur du faucon.

LE FAUCON (pl. 6).

Famille des Rapaces plumicolles.

Lorsqu'on jette les yeux sur les listes de nos nomenclatures d'histoire naturelle ; on serait porté à croire qu'il y a dans l'espèce du faucon autant de variétés que dans celle du pigeon , de la poule ou des autres oiseaux domestiques ; cependant rien n'est moins vrai : l'homme

4*

n'a point influé sur la nature de ces animaux ; quelque utiles aux plaisirs, quelque agréables qu'ils soient pour le faste des princes chasseurs, jamais on n'a pu en élever, en multiplier l'espèce ; on dompte, à la vérité, leur naturel féroce par la force de l'art et des privations ; on leur fait acheter leur vie par des mouvemens qu'on leur commande ; chaque morceau de leur subsistance ne leur est accordé que pour un service rendu : on les attache, on les garotte, on les affuble, on les prive même de la lumière et de toute nourriture, pour les rendre plus dépendans, plus dociles, et ajouter à leur vivacité naturelle l'impétuosité du besoin ; mais ils servent par nécessité , par habitude et sans attachement; ils demeurent captifs sans devenir domestiques ; l'individu seul est esclave, l'espèce est toujours libre, toujours également éloignée de l'empire de l'homme : ce n'est même qu'avec des peines infinies qu'on en fait quelques-uns prisonniers, et rien n'est plus difficile que d'étudier leurs mœurs dans l'état de nature; comme ils habitent les rochers les plus escarpés des hautes montagnes ; qu'ils s'approchent très-rarement de terre, qu'ils volent d'une hauteur et d'une rapidité sans égale, on ne peut avoir que, peu de faits sur leurs habitudes naturelles: on a seulement remarqué qu'ils choisissent toujours pour élever leurs petits, les rochers exposés au midi; qu'ils font ordinairement quatre œufs dans la saison de l'hiver, que tous deux jettent des cris perçans, désagréables et presque continuels dans le temps qu'ils chassent leurs petits pour les dépayser, ce qui se fait comme chez les aigles par la dure nécessité qui rompt les liens des familles et de toute société.

Le faucon, qui est naturel en France, est gros comme une poule; il a près de trois pieds et demi de vol ou d'envergure. Les couleurs de son plumage changent aux diverses mues et varient à mesure que l'oiseau avance en âge; mais il est ordinairement brun, et ses pieds sont verdâtres. Lorsqu'il est jeune on l'appelle *faucon sors* parce qu'il est plus brun que dans les années suivantes; et on appelle *hagard* le vieux faucon, qui a beaucoup plus de blanc que le jeune. On trouve en Russie une variété du faucon tout-à-fait blanche, à l'exception de l'extrémité des grandes plumes des ailes, qui sont noirâtres.

Le faucon est peut-être l'oiseau dont le courage est le plus franc, le plus grand relativement à ses forces. Il fond, sans détour et perpendiculairement, sur sa proie; au lieu que l'autour et la plupart des autres arrivent de côté : aussi prend-on l'autour avec des filets dans lesquels le faucon ne s'empêtre jamais; il tombe à plomb sur l'oiseau victime, exposé au milieu de l'enceinte des filets, le tue, le mange sur le lieu, s'il est gros, ou l'emporte, s'il n'est pas trop lourd, en se relevant à plomb : on le voit fréquemment attaquer le milan, soit pour exercer son courage, soit pour lui enlever une proie; mais il lui fait plutôt la chasse que la guerre; il le traite comme un lâche, le chasse, le frappe avec dédain, et ne le met point à mort parce que le milan se défend mal, et que probablement sa chair répugne au faucon encore plus que sa lâcheté ne lui déplaît.

Voici quelques détails sur la manière dont on dresse le faucon pour la chasse.

Pour dresser le faucon, on commence par l'armer d'entraves appelées jets, au bout desquels on met un anneau sur lequel est écrit le nom du maître; on y ajoute des sonnettes qui servent à indiquer le lieu où il est lorsqu'il s'écarte de la chasse; on le porte continuellement sur le poing; on l'oblige de veiller : s'il

est méchant et qu'il cherche à se défendre,
on lui plonge la tête dans l'eau; enfin on le
contraint par la faim et la lassitude à se laisser
couvrir la tête d'un chaperon qui lui enveloppe
les yeux; cet exercice dure souvent trois
jours et trois nuits de suite : il est rare qu'au
bout de ce temps, les besoins qui le tourmentent et la privation de la lumière ne lui fassent
pas perdre toute idée de liberté : on juge qu'il
a oublié sa fierté naturelle, lorsqu'il se laisse
aisément couvrir la tête, et que, découvert, il
saisit le pât ou la viande qu'on a soin de lui
présenter de temps en temps; la répétition
de ces leçons en assure peu à peu le succès; le
besoin étant le principe de sa dépendance.
Lorsque les premières leçons ont réussi et que
l'oiseau montre de la docilité, on le découvre
et on l'exerce à sauter de lui-même sur le
poing; ensuite on dresse une représentation
de proie, un assemblage de pieds et d'ailes
sur lequel on attache de la viande. Le faucon
s'accoutume à fondre dessus cet appât. On
peut alors le porter en pleine campagne, mais
toujours attaché à une longue ficelle, et l'on
commence une suite d'exercices dont le but
est d'habituer le faucon à poursuivre l'oiseau
à la chasse duquel on le destine, puis à reve-

nir sur le poing du fauconnier lorsqu'on l'appelle de la voix et qu'on lui montre le leurre ou appât. Après ces exercices, l'éducation du faucon est terminée; on le met *hors de filière*, c'est-à-dire, on le fait voler sans ficelle. En Perse, où l'art de la fauconnerie est très-cultivé, on sait dresser les faucons pour la chasse de la gazelle. Le fauconnier a une gazelle empaillée, sur le nez de laquelle il donne toujours à manger à ces faucons ; ensuite il les mène dans les plaines ; et lorsqu'il découvre une gazelle, il lâche deux de ces oiseaux, dont l'un va fondre sur le nez de la gazelle et l'assaille à coups de pieds et de bec : la gazelle s'arrête et se secoue pour s'en délivrer ; l'oiseau bat des ailes pour se retenir, ce qui empêche encore la gazelle de bien courir et de voir devant elle ; enfin lorsqu'avec bien de la peine elle s'en est défaite, l'autre faucon qui est en l'air prend la place de celui qui est à bas, lequel se relève pour succéder à son compagnon lorsqu'il sera tombé ; et de cette sorte ils retardent tellement la course de la gazelle que les chiens ont le temps de l'attraper. Les Persans employent de la même manière le faucon à la chasse de l'âne sauvage et du sanglier.

Parmi les oiseaux étrangers qui ont rapport au faucon, on remarque le *faucon noir* (pl. 5), dont l'espèce assez répandue, fréquente également les climats chauds , tempérés et froids. Cet oiseau se prend au passage à Malte, en France et en Allemagne. On en trouve auprès du banc de Terre-Neuve et dans les terres voisines de la baie d'Hudson.

LE HOBEREAU (pl. 6).

Famille des Rapaces plumicolles, genre des Faucons.

Le hobereau est bien plus petit que le faucon et en diffère aussi par ses habitudes naturelles : le faucon est plus fier, plus vif et plus courageux ; il attaque des oiseaux beaucoup plus gros que lui. Le hobereau est plus lâche de son naturel , car , à moins qu'il ne soit dressé, il ne prend que les alouettes et les cailles ; mais il sait récompenser ce défaut de courage et d'ardeur par son industrie : dès qu'il aperçoit un chasseur et son chien, il les suit d'assez près, ou se place au-dessus de leur tête, et tâche de saisir les oiseaux qui s'élèvent devant eux ; si le chien fait lever une alouette , une caille , et que le chasseur la manque, il ne la manque pas; il a l'air de ne pas craindre le bruit et de ne pas connaître l'effet des armes à feu, car il s'approche très-près du chasseur qui le tue souvent lorsqu'il ravit sa proie : il fréquente les plaines voisines des bois et surtout celles où les alouettes abondent; il en détruit un très-grand nombre, et elles connaissent si bien ce mortel ennemi, qu'elles ne l'aperçoivent jamais sans le plus grand effroi et qu'elles se précipitent du haut des airs pour se cacher sous l'herbe ou dans les buissons; c'est la seule manière dont elles puissent échapper ; car quoique l'alouette s'élève beaucoup, le hobereau vole encore plus haut qu'elle, et on peut le dresser au leurre comme le faucon et les autres oiseaux du plus haut vol : il demeure et niche dans les forêts où il se perche sur les arbres les plus élevés. On donnait autrefois le nom de hobereau au petit gentil-homme qui allait chasser chez ses voisins, sans en être prié, et qui chassait moins pour son plaisir que pour le profit.

Le plumage du hobereau est presque noirâtre sur le dos et sur les ailes ; la gorge et le dessous du cou sont blancs ; la poitrine et le dessus du ventre sont blancs aussi, avec de grandes taches brunes. On trouve cet oiseau en France.

LA CRESSERELLE (pl. 6).

Famille des Rapaces plumicolles, genre des Faucons.

La cresserelle est l'oiseau de proie le plus commun dans la plupart de nos provinces de France et surtout en Bourgogne ; il n'y a point d'ancien château ou de tour abandonnée qu'elle ne fréquente ou qu'elle n'habite ; c'est surtout le matin et le soir qu'on la voit voler autour de ces vieux bâtimens, et on l'entend alors encore plus souvent qu'on ne la voit ; elle a un cri précipité *pli*, *pli*, *pli* ou *pri*, *pri, pri*, qu'elle ne cesse de répéter en volant et qui effraye tous les petits oiseaux sur lesquels elle fond comme une flèche et qu'elle saisit avec ses serres ; si par hasard elle les manque du premier coup, elle les poursuit sans crainte du danger jusque dans les maisons : lorsqu'elle a suivi et emporté l'oiseau, elle le tue et le plume très-proprement avant de le manger : elle ne prend pas tant de peine pour les souris et les mulots ; elle avale les petits tout entiers et dépèce les autres. Toutes les parties molles de la souris se digèrent dans l'estomac de cet oiseau, mais la peau se roule et forme une petite pelote qu'elle rend par le bec.

La cresserelle est un assez bel oiseau; elle a l'œil vif et la vue très-perçante, le vol aisé et soutenu : elle est diligente et courageuse; elle approche par le naturel des oiseaux nobles et courageux ; on peut même la dresser comme les émérillons pour la fauconnerie.

Quoique cet oiseau fréquente habituellement les vieux bâtimens, il y niche plus rarement que dans les bois ; et lorsqu'il ne dépose pas ses œufs dans des trous de murailles ou d'arbres creux, il fait une espèce de nid très-négligé, composé de buchettes et de racines, et assez semblable à celui des geais ; quelquefois il occupe aussi les nids que les corneilles ont abandonné; il pond ordinairement cinq œufs et même six ou sept; il nourrit ses petits avec des insectes, et ensuite il leur apporte en quantité des mulots qu'il aperçoit sur terre du plus haut des airs où il tourne lentement et demeure souvent stationnaire pour épier son gibier sur lequel il fond en un instant; il enlève quelquefois une perdrix rouge beaucoup plus pesante que lui. Sa proie

la plus ordinaire, après les mulots et les reptiles, sont les moineaux, les pinçons et les autres petits oiseaux.

Le plumage de la cresserelle mâle est d'un
rouge vineux semé de petites taches noires;
la tête et la queue sont grises; la femelle a la
tête rousse, et le dessus du dos des ailes et de
la queue rayés de bandes transversales brunes.
Cette espèce, très-nombreuse est répandue
dans toute l'Europe.

L'ÉMÉRILLON,

*Famille des Rapaces plumicolles, genre des
Faucons.*

Cet oiseau est, à l'exception des pies-
grièches, le plus petit de tous les oiseaux de
proie, n'étant que de la grandeur d'une grosse
grive; néanmoins on doit le regarder comme
un oiseau noble, et qui tient de plus près
qu'un autre à l'espèce du faucon; il en a le
plumage, la forme et l'attitude; il a le même
naturel, la même docilité, et tout autant
d'ardeur et de courage. On peut en faire un
bon oiseau de chasse pour les alouettes, les
cailles, et même les perdrix, qu'il prend et
transporte, quoique beaucoup plus pesantes

que lui : souvent il les tue d'un coup, en les frappant de l'estomac sur la tête ou sur le cou. L'émérillon vole bas, quoique très-vite; il fréquente les bois et les buissons, pour y saisir les petits oiseaux. Il ressemble beaucoup au hobereau. On le trouve en France.

LE ROCHIER (pl. 6).

Il est moins gros que la cresserelle et ressemble à l'émérillon, dont il n'est peut être qu'une variété.

LES PIES-GRIÈCHES.

Famille des Passereaux crénirostres, genre des Laniers.

Ces oiseaux, quoique petits, quoique délicats de corps et de membres, doivent néanmoins, par leur courage, par leur large bec, fort et crochu et par leur appétit pour la chair, être mis au rang des oiseaux de proie, même des plus fiers et des plus sanguinaires. On est toujours étonné de voir l'intrépidité avec laquelle une petite pie-grièche combat contre les pies, les corneilles, les cresserelles, tous oiseaux beaucoup plus grands et plus forts qu'elle : non-seulement elle combat pour se défendre, mais souvent elle attaque et toujours avec avantage, surtout lorsque le couple se réunit pour éloigner de leurs petits les oiseaux de rapine. Elles n'attendent pas qu'ils approchent ; il suffit qu'ils passent à leur portée pour qu'elles aillent au devant : elles les attaqent à grands cris, leur font des blessures cruelles, et les chassent avec tant de fureur, qu'ils fuyent souvent sans oser revenir ; et dans ce combat inégal contre d'aussi grands ennemis, il est rare de les voir succomber sous la force, ou se laisser emporter ; il arrive seulement qu'elles tombent quelquefois avec l'oiseau contre lequel elles se sont accrochées avec tant d'acharnement, que le combat ne finit que par la mort ou la chute de tous deux : aussi les oiseaux de proie les plus braves les respectent ; les milans, les buses, les corbeaux paraissent les craindre et les fuir plutôt que les chercher. Rien dans la nature ne peint mieux la puissance et le droit du courage, que de voir ce petit oiseau qui n'est guère plus gros qu'une alouette voler de pair avec les éperviers, les faucons et tous les tyrans de l'air, sans les redouter, et même chasser dans leur domaine sans craindre d'en être puni ; car quoique les pies-grièches se nourrissent communément d'insectes , elles aiment la chair de préférence : elles poursuivent au vol tous les petits oiseaux ; on en a vu prendre des perdreaux et de jeunes levrauts ; les grives , les merles , et les autres oiseaux pris au lacet ou au piége , deviennent leur proie la plus ordinaire ; elles les saisissent avec les ongles , leur crèvent la tête avec le bec , leur serrent et déchiquètent le cou , et après les avoir étranglés ou tués , elles les plument pour les manger , les dépèçer à leur aise et en emporter dans leur nid les débris en lambeaux.

On compte trois espèces principales de pies-grièches dans notre climat.

LA PIE-GRIÈCHE GRISE (pl. 7).

Cette pie-grièche est très-commune dans nos provinces de France et paraît être naturelle à notre climat , car elle y passe l'hiver et ne le quitte en aucun temps ; elle habite les bois et les montagnes en été , et vient dans les plaines et près des habitations en hiver. Elle fait son nid sur les arbres des bois. La femelle qui ne diffère pas du mâle par la grosseur (1), mais

---

(1) On remarque la même chose chez l'émérillon. C'est ce qui distingue ces deux espèces

Pie-grièche rousse.
Pie-grièche grise
Bécar Grise
l'Ecorcheur
Vanga

seulement par un plumage plus clair, pond ordinairement cinq ou six, et quelquefois sept ou même huit œufs gros comme ceux d'une grive; elle nourrit ses petits de chenilles et autres insectes dans les premiers jours; bientôt elle leur fait manger des petits morceaux de viande que leur père leur apporte avec un soin et une diligence admirable; bien différente des autres oiseaux de proie qui chassent leurs petits avant qu'ils soient en état de se pourvoir d'eux-mêmes, la pie-grièche garde et soigne les siens pendant tout le temps du premier âge, et quand ils sont adultes elle les soigne encore; la famille ne se sépare pas; on les voit voler ensemble pendant l'automne entier et encore en hiver, sans qu'ils se réunissent en grandes troupes: chaque famille fait une petite bande à part, ordinairement composée du père, de la mère ou de cinq ou six petits, qui tous prennent un intérêt commun à ce qui leur arrive, vivent en paix et chassent de concert jusqu'à ce que le senti-

---

d'oiseaux de tous les autres oiseaux de proie, dont le mâle toujours d'un tiers plus petit que la femelle; est à cause de cela, on appellé *tiercelet*.

ment ou le besoin d'amour, plus fort que tout autre sentiment, détruise les liens de cet attachement, et enlève les enfans de leurs parens ; la famille ne se sépare que pour en former de nouvelles.

On reconnaît les pies-grièches de loin, non-seulement à cause des petites troupes qu'elles forment, après le temps des nichées, mais encore à leur vol, qui, au lieu d'être direct, se fait toujours de bas en haut et de haut en bas alternativement, et à leurs cris aigus *troui, troui,* qu'on entend de fort loin.

LA PIE-GRIÈCHE ROUSSE (pl. 7).

Elle est un peu plus petite que la précédente, et on la reconnaît au roux plus ou moins vif qu'elle a sur la tête. Son naturel est le même que celui de la pie-grièche grise, mais elle abandonne nos climats pendant l'hiver et n'y revient qu'au printemps.

L'ÉCORCHEUR (pl. 7).

Cet oiseau, du même genre que les précédens, est un peu plus petit que la pie-grièche rousse et lui ressemble assez par ses habitudes naturelles ; comme elle il émigre pendant l'hiver ; il se nourrit aussi d'insectes , et fait la guerre aux petits oiseaux.

Oiseaux étrangers qui ont rapport à la Pie-Grièche.

LA BÉCARDE GRISE (pl. 7). Cette espèce , qui vient de Cayenne , diffère de notre pie-grièche par la longueur et la grosseur de son bec, qui est rouge ; par la couleur de sa tête, qui est noire , et par l'habitude du corps, qui est plus épaisse.

LE VANGA , ou *Becarde à ventre blanc* (pl. 7), se trouve à Madagascar.

———

LES OISEAUX DE PROIE NOCTURNES.

Famille des Rapaces plumicolles, genre des Chouettes.

Les yeux de ces oiseaux sont d'une sensibilité si grande, qu'ils paraissent être éblouis par la clarté du jour , et entièrement offusqués par les rayons du soleil ; il leur faut une lumière plus douce, telle que celle de l'aurore naissante ou du crépuscule tombant ; c'est alors qu'ils sortent de leurs retraites pour

chasser, ou plutôt pour chercher leur proie,
et ils font cette quête avec un grand avantage,
car ils trouvent dans ce temps les autres oiseaux
et les petits animaux endormis ou prêts à
l'être. Les nuits où la lune brille sont pour
eux les beaux jours, les jours de plaisir, les
jours d'abondance, pendant lesquels ils chassent plusieurs heures de suite, et se pourvoient d'amples provisions. Les nuits où la
lune fait défaut sont beaucoup moins heureuses; ils n'ont guère qu'une heure le soir,
une heure le matin pour chercher leur subsistance; car il ne faut pas croire que la vue
de ces oiseaux, qui s'exerce si facilement à
une faible lumière, puisse se passer de toute
lumière, et qu'elle perce, en effet, dans
l'obscurité la plus profonde. Dès que la nuit
est bien close, ils cessent de voir, et ne diffèrent pas à cet égard des autres animaux, tels
que les lièvres, les loups, les cerfs, qui sortent
le soir des bois pour repaître ou chasser pendant la nuit; seulement ces animaux voient
encore mieux le jour que la nuit, au lieu que
la vue des oiseaux nocturnes est si offusquée
pendant le jour, qu'ils sont obligés de se tenir
dans le même lieu sans bouger, et que quand
on les force à en sortir, ils ne peuvent faire

que de très-petites courses, des vols courts et lents, de peur de se heurter. Les autres oiseaux, qui s'aperçoivent de leur crainte ou de la gêne de leur situation, viennent à l'envi les insulter. Les mésanges, les pinçons, les rouge-gorges, les merles, les geais, les grives, etc., arrivent à la file ; l'oiseau de nuit, perché sur une branche, immobile, étonné, entend leurs mouvemens, leurs cris qui redoublent sans cesse, parce qu'il n'y répond que par des gestes bas, en tournant sa tête, ses yeux et son corps d'un air ridicule ; il se laisse même assaillir et frapper sans se défendre ; les plus petits, les plus faibles de ses ennemis sont les plus ardens à le tourmenter, les plus opiniâtres à le huer. C'est sur cette espèce de jeu, de moquerie ou d'antipathie naturelle qu'est fondé le petit art de la pipée ; il suffit de placer un oiseau nocturne, ou même d'en contrefaire la voix, pour faire arriver les oiseaux à l'endroit où l'on a tendu des gluaux. Il faut s'y prendre une heure avant la fin du jour pour que cette chasse soit heureuse ; car si l'on attend plus tard, ces mêmes petits oiseaux qui viennent, pendant le jour, provoquer l'oiseau de nuit avec autant d'ardeur que d'opiniâtreté, le fuient et le redoutent dès que l'obscurité lui permet de se mettre en mouvement et de déployer ses facultés.

Tout cela néanmoins ne doit pas s'appliquer à toutes les espèces de chouettes; le grand-duc et la chevêche voient assez clair en plein jour pour voler et fuir à de grandes distances.

On divise les oiseaux de proie nocturnes en deux sections : les hiboux et les chouettes. Les hiboux ont des aigrettes en forme d'oreilles aux deux côtés de la tête : les chouettes en sont privées.

LES HIBOUX.

LE GRAND-DUC (pl. 8).

Les poëtes ont dédié l'aigle à Jupiter, le duc à Junon. C'est en effet l'aigle de la nuit et le roi de cette tribu d'oiseaux qui craignent la lumière du jour et ne volent que quand elle s'éteint. Le duc paraît être, au premier coup d'œil, aussi gros, aussi fort que l'aigle commun ; cependant il est réellement plus petit, et les proportions de son corps sont toutes différentes. Il a le corps, les jambes et la queue plus courtes que l'aigle, la tête plus grosse, les ailes moins longues. On reconnaît le duc à sa grosse figure, à son énorme tête,

Chat Huant
Grand Duc
Hibou
ou moyen Duc
Scops
ou petit Duc
Harfang
Cheveche
Chouette
Hulotte
Effraie

aux aigrettes qui surmontent sa tête, à son bec court, noir et crochu, à ses grands yeux fixes et transparens, à sa face entourée de petites plumes blanches, à son plumage d'un brun roux, et enfin à son cri effrayant *hui hou, houhou, bouhou, pouhou,* qu'il fait retentir dans le silence de la nuit, lorsque tous les autres oiseaux se taisent ; et c'est alors qu'il les éveille, les inquiète, les poursuit et les enlève ou les met à mort, pour les dépecer et les emporter dans les cavernes ou dans les vieilles tours, qui lui servent de retraite. Sa chasse la plus ordinaire sont les jeunes lièvres, les lapins, les taupes, les mulots ; il mange aussi les chauve-souris, les serpens, les lézards, les crapauds et les grenouilles. Son nid a plus de trois pieds de diamètre : on n'y trouve ordinairement qu'un œuf ou deux.

C'est un spectacle amusant que de voir quelquefois le grand-duc assailli par des troupes de corneilles qui le suivent au vol et l'environnent par milliers ; il soutient leur choc, pousse des cris plus forts qu'elles, et finit par les disperser et souvent par en prendre quelques-unes lorsque la lumière du jour baisse. On se sert du duc dans la fauconnerie pour attirer le milan ; on attache au duc une queue de renard pour rendre sa figure encore plus extraordinaire; il vole à fleur de terre, et se pose dans la campagne, sans se percher sur aucun arbre. Le milan, qui l'aperçoit de loin, arrive et s'approche du grand, non pour le combattre ou l'attaquer, mais comme pour l'admirer, et il se tient auprès de lui assez long-temps pour se laisser tirer par les chasseurs, ou prendre par les oiseaux de proie qu'on lâche à sa poursuite. Souvent on place un duc en cage dans les faisanderies, afin que les corbeaux et corneilles s'assemblent autour de lui, et qu'on puisse tirer et tuer un plus grand nombre de ces oiseaux criards, qui inquiètent beaucoup les jeunes faisans.

Le grand-duc est répandu dans les deux continens : on le trouve également au nord et au midi.

LE HIBOU OU MOYEN DUC (pl. 8).

Le hibou a, comme le grand-duc, les oreilles fort ouvertes et surmontées d'une aigrette; il est de la grosseur d'une corneille, et a un pied de longueur depuis le bout du bec jusqu'aux ongles; il a le dessus de la tête, du cou, du dos et des ailes rayé de gris, de roux et de brun; la poitrine et le ventre sont roux, avec des bandes brunes irrégulières et étroites. L'espèce en est commune et beaucoup plus nombreuse dans nos climats que celle du grand-duc. Le moyen duc habite ordinairement dans les anciens bâtimens ruinés, dans les cavernes des rochers, dans le creux des vieux arbres, dans les montagnes boisées ; lorsque d'autres oiseaux l'attaquent, il se sert très-bien et des griffes et du bec ; il se retourne aussi sur le dos pour se défendre quand il est assailli par un ennemi trop fort. Ces oiseaux se donnent rarement la peine de faire un nid ; mais les femelles pondent dans les nids abandonnés des autres oiseaux : on y trouve ordinairement quatre ou cinq œufs.

LE SCOPS OU PETIT DUC (pl. 8).

Le scops, beaucoup plus petit que les deux espèces précédentes, n'est que de la grosseur d'un merle. Son plumage est plus élégamment bigarré et plus distinctement tacheté. Il se réunit en troupe en automne et au printemps, pour passer dans d'autres climats : il n'en reste que très-peu ou point du tout en hiver dans nos provinces. Ils habitent de préférence les terrains élevés, et se rassemblent volontiers dans ceux où les mulots se sont le plus multipliés : ils y font un grand bien par la destruction de ces animaux.

LA HULOTTE (pl. 8).

La hulotte est la plus grande de toutes les chouettes ; elle a près de quinze pouces de longueur depuis le bout du bec jusqu'à l'extrémité des ongles. Sa tête est très-grosse, ronde et sans aigrette ; sa face est enfoncée et comme encavée dans sa plume ; ses yeux sont noirâtres ; le dessus du corps est couleur de gris-de-fer foncé, parsemé de taches noires et de taches blanchâtres ; le dessous du corps est blanc, croisé de bandes noires transversales et longitudinales. La hulotte vole légèrement et sans faire de bruit avec ses ailes, et toujours de côté, comme toutes les autres chouettes. Son cri, *hou ou ou ou ou ou ou*, ressemble assez au hurlement du loup. Elle se tient pendant l'été dans les bois, toujours dans des arbres creux ; quelquefois elle s'approche en hiver de nos habitations ; elle chasse et prend les petits oiseaux, et plus encore les mulots et les campagnols. Lorsque la chasse de la campagne ne lui produit rien, elle vient dans les granges pour y chercher des souris et des rats ; elle retourne au bois de grand matin, et se fourre dans les taillis les plus épais ou sous les arbres les plus feuillés, et y passe tout le jour sans changer de lieu. Ainsi que le moyen duc, elle pond ses œufs dans des nids étrangers.

LE CHAT-HUANT (pl. 8).

Le chat-huant a environ un pied de longueur depuis le bout du bec jusqu'à l'extrémité des pieds. Il diffère de la hulotte par ses yeux bleuâtres, par la beauté, la variété et la teinte plus claire de son plumage, enfin pas son cri *ho ho, ho ho ho ho*. Il habite ordinairement les bois. Il est très-commun dans la Bourgogne.

L'EFFRAIE OU FRESAIE (pl. 8).

L'effraie, qu'on appelle communément la chouette des clochers, effraie en effet par ses soufflemens, *che, chei, cheu, chiou*, ses âcres et lugubres *grei, gre, crei*, et sa voix entrecoupée, qu'elle fait souvent retentir dans le silence de la nuit ; elle est, pour ainsi dire, domestique, et habite au milieu des villes les mieux peuplées ; les tours, les clochers, les toits des églises et des autres bâti-

5*

mens élevés lui servent de retraite pendant le jour, et elle en sort à l'heure du crépuscule; son soufflement, qu'elle réitère sans cesse, ressemble à celui d'un homme qui dort la bouche ouverte; elle pousse aussi en volant ou en se reposant, différens sons aigres, tous si désagréables, que cela, joint à l'idée du voisinage des cimetières et des églises, et encore à l'obscurité de la nuit, inspire de l'horreur, de la crainte aux enfans, aux femmes, et même aux hommes soumis aux préjugés, et qui croient aux revenans, aux sorciers, aux augures; ils regardent l'effraie comme l'oiseau funèbre, comme le messager de la mort; ils croient que quand elle se fixe sur une maison, et qu'elle y fait retentir une voix différente de ses cris ordinaires, c'est pour appeler quelqu'un au cimetière.

On la distingue aisément des autres chouettes par la beauté de son plumage. Elle est à peu près de la même grandeur que le chat-huant; le dessous de son corps est jaune, ondé de gris et de brun, et taché de points blancs; le dessous du corps, blanc, marqué de points noirs; les yeux d'un beau jaune et environnés d'un cercle de plumes si fines, qu'on les prendrait pour des poils.

Il est fort aisé de les prendre, en opposant un filet aux trous qu'elles occupent dans les vieux bâtimens ; elles vivent dix ou douze jours dans les volières où elles sont renfermées, mais elles refusent toute nouriture, et meurent d'inanition au bout de ce temsp.

L'effraie ne construit pas de nid ; elle dépose ses œufs à nu dans les trous des murailles, dans les creux des arbres ; elle pond cinq, six ou même sept œufs blanchâtres. Les souris et les mulots forment sa principale nourriture ; elle les avale tout entiers, ainsi que les petits oiseaux, et en rend, par le bec, les os, les plumes, les peaux roulées.

L'espèce de l'effraie est nombreuse, et partout très-commune en Europe. On la trouve aussi en Amérique.

LA CHOUETTE OU LA GRANDE CHEVÊCHE (pl. 8).

Cette espèce, qui est la chouette proprement dite, est assez commune ; mais elle n'approche pas aussi souvent de nos habitations que l'effraie ; elle se tient plus volontiers dans les ruines éloignées des lieux habités, dans les montagnes escarpées et solitaires. Elle es à peu près de la même grandeur que l'effraie ;

dont elle diffère par ses couleurs plus brunes et par ses taches plus grandes et longues comme de petites flammes. Les laboureurs estiment cet oiseau, en ce qu'il détruit quantité de mulots. Dans le mois d'avril, on l'entend crier jour et nuit *gout*, *gout*, et on prétend que lorsqu'il doit pleuvoir il semble dire *goyon*. La chouette ne fait pas de nid, et pond trois œufs parfaitement ronds et gros comme ceux d'un pigeon ramier. Elle est commune en Europe.

LA CHEVÊCHE,

ou *la petite Chouette* (pl. 8).

La chevêche est à peu près de la même grandeur que le scops ou petit duc, dont elle diffère par l'absence des aigrettes, par son bec brun à la base et jaune vers le bout, et par la régularité des taches blanches qu'elle a sur les ailes. Elle a un cri ordinaire *poupou, poupou*, qu'elle pousse et répète en volant, et un autre cri qu'elle ne fait entendre que quand elle est posée, qui ressemble beaucoup à la voix d'un jeune homme qui s'écrierait *aime, edme, esme*, plusieurs fois de suite. Cette ressemblance est si forte, que M. de

Buffon rapporte qu'étant couché dans une des vieilles tours du château de Montbard, une chevêche vint se poser, un peu avant le jour, sur la tablette de la fenêtre de sa chambre, et l'éveilla par son cri *heme, edme.* Comme il prêtait l'oreille à cette voix, qui lui paraissait d'autant plus singulière qu'elle était près de lui, il entendit un de ses gens, couché dans la chambre au-dessus de la sienne, ouvrir sa fenêtre, et, trompé par le son bien articulé *edme,* répondre à l'oiseau : *Qui es-tu, là-bas ? je ne m'appelle pas Edme, je m'appelle François.*

La chevêche se tient rarement dans les bois ; elle habite les mâsures écartées et les carrières; elle voit, pendant le jour, beaucoup mieux que les autres oiseaux nocturnes, et s'exerce quelquefois à la chasse des hirondelles et des autres petits oiseaux ; mais elle en prend rarement, et réussit mieux avec les souris et les mulots.

LE HARFANG (pl. 8).

Le harfang est encore plus gros que le grand-duc ; son plumage est blanc comme la neige ; la partie supérieure du dos est traversée par quelques lignes brunes. Cet oiseau paraît

confiné dans les pays du nord ; on le
trouve dans les terres de la Baie d'Hudson , en
Laponie ; il vole souvent en plein jour et
donne la chasse aux perdrix blanches. Du
reste cet oiseau qui est très-rare , est l'un des
plus remarquables du genre des oiseaux nocturnes.

OISEAUX QUI NE PEUVENT VOLER.

Famille des Gallinacés brévipennes.

L'AUTRUCHE (pl 9).

L'autruche est le plus grand des oiseaux ;
mais elle est privée par sa grandeur même de
la principale prérogative des oiseaux la puissance de voler ; en effet , quelle force ne fau-
drait-il pas dans les ailes pour élever au milieu
des airs une masse pesant au moins quatre-vingts
livres, car tel est le poids ordinaire d'une autruche. Sa hauteur est d'environ six pieds depuis
les pieds jusqu'à l'extrémité du bec. Ses ailes
ou plutôt les espèces de moignons qui tiennent la place des ailes , armés de deux piquans
qui lui ont été donnés pour se défendre, ne
sont pas garnis de plumes roides comme chez
les autres oiseaux : toutes les plumes de l'au-

Solitaire
Dronte
Casoar
Très jeune
Autruche

truche ont pour barbe des filets détachés
sans consistance ; elle a sur la plus grande partie du corps du poil plutôt que des plumes ;
sa tête ses flancs et ses cuisses n'ont que très-
peu de poils ; ses grands pieds nerveux n'ont
que deux doigts : ses yeux qui ont plus de rapport avec ceux de l'homme qu'avec ceux des
oiseaux sont garnis de cils et ont la paupière
supérieure mobile comme dans les quadrupèdes ; par sa conformation l'autruche offre
encore d'autres rapports avec les mammifères.
Il semble que la nature ait voulu faire de cet
oiseau une espèce intermédiaire, qui partici-
pant également du quadrupède et de l'oiseau,
fût le point de réunion de ces deux classes
d'animaux.

L'autruche semble un oiseau particulier à
l'Afrique, aux îles voisines de ce continent
et à la partie de l'Asie qui confine à l'Afrique :
elle habite de préférence les lieux les plus
déserts, les plus arides, où il ne pleut presque
jamais ; ces oiseaux s'y réunissent en troupes
nombreuses qui de loin ressemblent à des es-
cadrons de cavalerie, et ont jeté l'alarme dans
plus d'une caravane : leur vie doit être un
peu dure dans ces solitudes vastes et stériles,
mais elles y trouvent la liberté et c'est pour jouir

au sein de la nature de ce bien inestimable
qu'elles fuyent l'homme ; mais l'homme qui
sait le profit qu'il peut en tirer, va les chercher dans leurs retraites les plus sauvages ;
il se nourrit de leurs œufs, de leur sang, de
leur graisse, de leur chair, et il se pare de
leurs plumes.

Les autruches quoique habitantes du désert,
ne sont pas aussi sauvages qu'on l'imaginerait :
les habitans de la Lybie, du Bilédulgérid en
nourrissent des troupeaux apprivoisés. On fait
plus que de les apprivoiser : on en a dompté
quelques-unes au point de les monter comme
on monte un cheval. M. Adanson célèbre natu-
raliste, a vu au Sénégal une autruche qui courait aussi vite que le meilleur coursier anglais
quoiqu'elle portât deux nègres sur son dos ;
cependant il ne paraît pas qu'on ait entièrement pu dompter le caractère indocile de cet
oiseau, au point de diriger tous ses mouvemens.

La manière dont les habitans de Bilédulgérid (1) chassent les autruches est très-remar-

---

(1) Le *Bilédulgérid* ou *Pays-des-Dattes* répond à l'ancienne Gétulie ; il est situé au midi
du mont Atlas, et fait partie des états Barba-
resques.

quable : une troupe de chasseurs montés sur
des chevaux du désert, marchent contre le
vent en suivant les traces des autruches, jusqu'à ce qu'ils aient découvert un de ces animaux ; alors ils le poursuivent de toute la vitesse de leurs chevaux, en se tenant à une
petite distance les uns des autres. L'autruche
fatiguée de courir contre le vent qui s'en-
goufre dans ses ailes, se retourne pour changer
la direction de sa course rapide ; elle essaie
de traverser la ligne des chasseurs ; mais ceux-
ci l'entourent et la tuent à coups de bâton,
pour que le sang ne gâte pas le beau blanc de
ses plumes. Sans cette ruse on ne pourrait
atteindre l'autruche qui, dans sa course, dépasse les animaux les plus agiles. On prétend
que lorsqu'elle est forcée, elle cache sa tête
croyant échapper à la vue du chasseur, parce
qu'elle ne le voit plus elle-même ; peut-être
n'a t'elle d'autre but en cachant sa tête que
de mettre du moins en sûreté la partie la plus
importante et la plus faible de son corps.

Ces animaux vivent principalement de matières végétales ; comme ils ont le gésier muni
de muscles très-forts, ils avalent fort souvent
du fer, du cuivre, des pierres, du verre, du
bois, et tout ce qui se présente. On a prétendu

que ces matières dures se dissolvaient dans
leur estomac ; quoiqu'il en soit, elles facilitent
par leur frottement la trituration des grains
dont l'autruche se nourrit en grande partie.

Cet oiseau ne couve pas ses œufs ; mais il
les couvre légèrement de sable jusqu'à ce que
la chaleur du soleil les ait fait éclore ; il fournit
au commerce ces belles plumes ondoyantes dont
on orne les chapeaux, les casques de théâtre.

LE TOUYOU.

Le touyou est le plus gros oiseau de l'Amérique ; on le trouve dans la Guyane, dans les
provinces intérieures du Brésil, au Chili et
dans les terres magellaniques. Ainsi que l'autruche, le touyou n'a pas la puissance de voler ; il est un peu moins gros, quoique les plus
grands aient près de six pieds de haut ; il a
le cou long, la tête petite et le bec aplati de
l'autruche, mais pour tout le reste, il a plus
de rapport avec le casoar. Son plumage est gris
sur le dos et blanc sur le ventre ; ses jambes
sont longues ; il a à chaque pied trois doigts
dirigés en avant et un tubercule calleux en arrière ; il court presque aussi légèrement que
l'autruche.

LE CASOAR (pl. 9).

Le casoar paraît plus massif aux yeux que l'autruche, parce qu'il a le cou et les pieds moins longs et beaucoup plus gros à proportion, et qu'il a le corps plus renflé ; il a ordinairement cinq pieds, de l'extrémité du bec au bout des ongles. Le trait le plus remarquable dans la figure du casoar, est cette espèce de casque conique, noir par devant, jaune dans tout le reste qui s'élève sur le front depuis la base du bec jusqu'au milieu du sommet de la tête, et quelquefois au-delà : ce casque est formé par le renflement des os du crâne en cet endroit ; il a environ trois pouces de haut sur un pouce de diamètre à sa base. La tête et le haut du cou n'ont que quelques petites plumes, et la peau qui paraît à découvert en cet endroit est de différentes couleurs ; elle est bleue sur les côtés, ardoisée sous la gorge, rouge par derrière. La partie antérieure du cou est accompagnée de deux ou quatre barbillons rouges ou bleus. Cet oiseau a les ailes encore plus petites que l'autruche et tout aussi inutiles pour le vol ; elles sont armées de piquans et même en plus grand nombre que celles de l'autruche, les plus grands de ces piquans ont jusqu'à un pied de longüeur sur trois lignes de diamètre ; son plumage est d'une couleur noirâtre ; ses plumes qui ne sont que des filets branchus lui donnent à quelque distance l'apparence d'un animal velu et du même poil que l'ours ou le sanglier. Une espèce de sourcil formé par un rang de petits poils noirs, la grande ouverture de son bec et la forme de ses yeux, donnent au casoar un regard farouche et extraordinaire ; il se sert de ses pieds pour sa défense, ruant et frappant par derrière comme un cheval ; il grogne comme le porc et il se nourrit de végétaux qu'il engloutit en entier.

On trouve le casoar dans les Indes orientales. Une espèce de ce genre habite aussi la Nouvelle Hollande.

LE DRONTE, OU DODO (pl. 9).

On regarde communément la légèreté comme un attribut propre aux oiseaux ; mais si on voulait en faire le caractère essentiel de cette classe, le dronte n'aurait aucun titre pour y être admis ; car loin d'annoncer la légèreté par ses proportions ou par ses mouvemens, il paraît fait exprès pour nous donner l'idée du plus lourd des êtres. Représentez-vous un corps massif et presque cubique, à peine sou-

tenu sur deux piliers très-gros et très-courts ,
surmonté d'une tête si extraordinaire qu'on la
prendrait pour la fantaisie d'un peintre de
grotesque ; cette tête portée sur un cou ren-
forcé et goîtreux, consiste presque toute entière dans un bec énorme qui ressemble à deux
cuillers pointues et où sont deux gros yeux noirs
entourés d'un cercle blanc , dont l'ouverture
des mandibules se prolonge presque jusqu'aux
oreilles : de tout cela il résulte une physionomie stupide et vorace et qui, pour comble
de difformité, est accompagnée d'un bord de
plumes ; lequel suivant le contour de la base
du bec s'avance en pointe sur le front, puis
s'arrondit autour de la face en manière de capuchon , d'où lui est venu le nom de *cigne-
encapuchonné.* Le dronte privé, par le peu de
longueur de ses ailes , de la faculté de voler ,
paraît accablé de son propre poids et avoir
à peine la force de se traîner ; il est dans les
oiseaux ce qu'est le paresseux dans les quadrupèdes. Son plumage est gris ; les plumes du
croupion sont frisées, mais en petit nombre , et
si courtes, qu'il paraît n'avoir pas de queue. Ses
pieds gris et courts ont quatre doigts. Cet oiseau dont la chair est bonne à manger est particulier aux îles de France et de Bourbon.

LE SOLITAIRE (pl. 9).

Cet oiseau, qui est très-peu connu, habite, dit-on, l'île de Rodrigue dans l'océan indien. Il pèse jusqu'à quarante-cinq livres; son plumage est d'un gris mêlé de jaune ou de brun. Les femelles ont au dessous du bec comme un bandeau, et leurs plumes renflées des deux côtés de la poitrine forment deux touffes blanches. Le mâle et la femelle cherchent un lieu écarté pour faire leur nid, et pendant le temps de l'incubation ils ne souffrent aucun oiseau de leur espèce à plus de deux cent pas à la ronde. Ainsi que les dronte, le solitaire est privé de la faculté de voler.

L'OUTARDE (pl 10).

Famille des Gallinacés alectrides.

Cet oiseau, qui est le plus grand de la famille des gallinacés d'Europe, a trois doigts seulement à chaque pied. Le mâle a sous la gorge une barbe double remarquable, en forme de moustache. L'outarde a le corps brun avec des bandes noires ondulées. On observe dans la gorge de cet oiseau un sac dont l'ouverture est sous la langue, et qui

Pl. 9.
Outarde
Outarde
Huppée.

s'étend jusqu'à la poitrine. Ce sac est quelquefois long d'un pied et peut contenir environ une pinte d'eau ; ce réservoir est bien précieux pour l'outarde , qui cherche principalement les plaines arides. Ces oiseaux se réunissent en troupe de cinquante ou de soixante vers le temps de l'émigration. L'outarde quoique fort grosse est un animal très-craintif et qui paraît n'avoir ni le sentiment de sa propre force ni l'instinct de l'employer ; la moindre apparence de danger , ou plutôt la moindre nouveauté l'effraie , et elle ne pourvoit guère à sa conservation que par la fuite. Le vol de cet oiseau est pesant ; sa course est rapide ; il est granivore et fait beaucoup de dégâts dans les bleds. L'outarde s'arrête principalement dans la Bourgogne, l'Alsace et la Lorraine. Sa chair est excellente.

LA PETITE OUTARDE ou *Canepetière* ne diffère de l'espèce précédente que parce qu'elle est beaucoup plus petite et par quelques variétés dans le plumage. Sa grosseur est à peu près celle du faisan ; elle est commune dans la Beauce et dans le Berry ; on la trouve aussi dans la Normandie. Elle est rusée et soupçonneuse. Sa chair est très-estimée.

Parmi les oiseaux étrangers qui ont rapport

à l'outarde on remarque le *houbara* ou *petite outarde huppée d'Afrique* (planche 10). Elle a la forme et le plumage de la petite outarde à laquelle elle ressemble aussi pour la grandeur, mais elle en diffère par une espèce de fraise formée de longues plumes, qui lui entoure le cou et par la huppe qui orne sa tête. On la trouve en Barbarie.

LE COQ (pl. 11).

Famille des Gallinacés alectrides.

Le coq est un oiseau pesant dont la démarche est lente et grave et qui ayant les ailes fort courtes ne vole que rarement, et quelquefois avec des cris qui expriment l'effort. Son chant qu'il fait entendre indifféremment la nuit et le jour, est fort différent de celui de sa femelle. Son front est orné d'une crête rouge et charnue, le dessous du bec d'une double membrane de même couleur ; les pieds ont ordinairement quatre doigts, quelquefois cinq, mais toujours trois en avant et le reste en arrière. Sa queue est relevée et composée de quatorze grandes plumes ; chez le mâle les deux plumes du milieu de la queue sont beaucoup plus longues que les autres et se re-

Coq.
Coq-huppé

courbent en arc ; ses pieds sont armés d'é-
perons.

Le coq a beaucoup de soin et même d'inquiétude et de souci pour ses poules ; il ne les
perd guère de vue ; il les conduit, les défend,
va chercher celles qui s'écartent, les ramène
et ne se livre au plaisir de manger que lorsqu'il les voit toutes manger autour de lui :
quand il les perd il donne des signes de regret ; quoique aussi jaloux qu'amoureux, il
n'en maltraite aucune, sa jalousie ne l'irrite
que contre ses concurrens ; s'il se présente un
autre coq, sans lui donner le temps de rien
entreprendre, il accourt l'œil en feu, les
plumes hérissées, se jette sur son rival et lui
livre un combat opiniâtre jusqu'à ce que l'un
ou l'autre succombe, ou que le nouveau venu
cède le champ de bataille.

Les hommes ont tiré parti, pour leur amusement, de ce caractère belliqueux en faisant
combattre un coq contre un autre coq, et
en joignant la fureur des gageures les plus ou-
trées à celui de ce spectacle. C'était autrefois
la folie des Rhodiens ; c'est aujourd'hui celle
des Chinois, des Javanois et de quelques autres nations.

La poule n'a pas besoin de coq pour produire des œufs, il en naît sans cesse; mais ils ne sont productifs que lorsqu'elle a été fécondée par le mâle; lorsqu'elle a pondu un certain nombre d'œufs, la poule demande à couver, par un gloussement particulier et par des mouvemens et des attitudes non équivoques; si elle n'a pas ses propres œufs, elle couvera ceux d'une femelle d'une autre espèce, et même des œufs de pierre et de craie; elle couvera encore après que tout lui aura été enlevé, et elle se consumera en regrets et en vains mouvemens; si ses recherches sont heureuses et qu'elle trouve des œufs vrais ou faux dans un lieu retiré et convenable, elle se pose aussitôt dessus, les environne de ses ailes, les échauffe de sa chaleur, les remue doucement les uns après les autres comme pour en jouir plus en détail et leur communiquer à tous un degré égal de chaleur; elle se livre tellement à cette occupation qu'elle en oublie le boire et le manger; ce n'est qu'au bout de vingt-et-un jours d'incubation que les poulets éclosent en rompant leur coquille.

On juge bien que cette mère qui a montré tant d'ardeur pour couver, qui a couvé avec tant d'assiduité, qui a soigné avec tant d'intérêt des embryons qui n'existaient point encore pour elle, ne se refroidit pas lorsque ses poussins sont éclos ; son attachement fortifié par la vue de ces petits êtres qui lui doivent la naissance, s'accroît encore tous les jours par les nouveaux soins qu'exige leur faiblesse : sans cesse occupée d'eux, elle ne cherche de la nourriture que pour eux ; si elle n'en trouve point, elle gratte la terre avec ses ongles pour lui arracher les alimens qu'elle recèle dans son sein, et elle s'en prive en leur faveur : elle les rappelle lorsqu'ils s'égarent, les met sous ses ailes à l'abri des intempéries, et les couve une seconde fois ; elle se livre à ces tendres soins avec tant d'ardeur et de souci, que sa constitution en est sensiblement altérée, et qu'il est facile de distinguer de toute autre poule une mère qui mène ses petits, soit à ses plumes hérissées et à ses ailes traînantes, soit au son enroué de sa voix, et à ses différentes inflexions, toutes expressives et ayant toutes une forte empreinte de sollicitude et d'affection maternelle.

Mais si elle s'oublie elle-même pour conserver ses petits, elle s'expose à tout pour les défendre ; paraît-il un épervier dans l'air, cette mère si faible, si timide, et qui, en toute autre circonstance chercherait son salut dans la fuite, devient intrépide par tendresse ; elle s'élance au devant de la serre redoutable, et, par ses cris redoublés, ses battemens d'ailes et son audace, elle en impose souvent à l'oiseau carnassier, qui, rebuté d'une résistance imprévue, s'éloigne et va chercher une proie plus facile. Elle paraît avoir toutes les qualités d'un bon cœur ; mais ce qui ne fait pas autant d'honneur au surplus de son instinct, c'est que si par hasard on lui a donné à couver des œufs de canne, ou de tout autre oiseau de rivière, son affection n'est pas moindre pour ces étrangers qu'elle ne le serait pour ses propres poussins : Elle ne voit pas qu'elle est leur nourrice ou leur *bonne*, et non pas leur mère ; et lorsqu'ils vont, guidés par la nature, s'ébattre ou se plonger dans la rivière voisine, c'est un spectacle singulier de voir la surprise, les inquiétudes, les transes de cette pauvre nourrice qui se croit encore mère, et qui pressée du désir de les suivre au milieu des eaux, mais retenue par une répugnance invincible pour cet élément, s'agite, incertaine sur le rivage, tremble et se désole, voyant toute sa couvée dans un péril évident, sans oser lui donner de secours.

Parmi les variétés de l'espèce du coq on re-

Dindon.
Pintade
Tetras.
Tetras à queu fourchue

marque le COQ HUPPÉ (pl. 11). Il ne diffère du coq ordinaire que par une touffe de plumes qui s'élève sur sa tête ; il a ordinairement la crête plus petite.

On peut faire sur les poulets une expérience fort curieuse, c'est après avoir coupé la crête d'y substituer un de leurs éperons naissans, qui ne sont encore que des petits boutons, et que l'on fixe avec une espèce de bandage ; ces éperons ainsi entés, prennent bientôt racine dans les chairs, en tirent leur nourriture et croissent rapidement. On en a vu qui avaient deux pouces et demi de longueur ; quelquefois ils se recourbent comme les cornes du belier, d'autres fois ils se renversent comme celles des boucs,

LE DINDON OU COQ DINDE (pl. 12.).

Famille des Gallinacés alectrides.

Le dindon est originaire de l'Amérique ; sa tête fort petite à proportion du corps est presque entièrement dénuée de plumes, et seulement recouverte, ainsi qu'une partie du cou, d'une peau bleuâtre chargée de mamelons rouges et blanchâtres : de la base du bec descend sur le cou, jusqu'à environ le tiers de sa longueur, une espèce de barbillon charnu rouge et flottant ; sur la base de la mandibule supérieure s'élève une caroncule charnue. Lorsqu'un objet étranger se présente inopinément, cet oiseau, qui n'a rien dans son port ordinaire que d'humble et de simple, se rengorge tout à coup, avec fierté : sa tête et son cou se gonflent ; la caroncule conique se déploie, s'allonge et recouvre entièrement le bec ; toutes ses parties se colorent du rouge le plus vif ; en même temps les plumes du cou et du dos se hérissent et la queue se relève en éventail. Dans cette attitude, tantôt il va piaffant autour de sa femelle, accompagnant son action d'un bruit sourd suivi d'un long bourdonnement , tantôt il la quitte comme pour menacer ceux qui viennent le troubler : de temps en temps il interrompt cette manœuvre pour jeter un autre cri plus perçant ; il recommence ensuite à faire la roue qui, suivant qu'elle s'adresse à sa femelle ou aux objets qui lui font ombrage, exprime tantôt son amour et tantôt sa colère ; et ces espèces d'accès seront beaucoup plus violens si on paraît devant lui avec un habit rouge ; c'est alors qu'il s'irrite et devient furieux ; il s'élance, il attaque à coups de bec et fait tout ses efforts pour éloigner un objet dont la présence semble lui être insupportable.

La poule dinde diffère du coq par sa caroncule plus courte, par l'absence des éperons aux
pieds et par son cri qui n'est qu'un accent
plaintif; elle est d'ailleurs plus petite et n'a
pas la faculté de faire la roue. Elle est aussi
bonne couveuse et montre autant de tendresse
pour ses poussins que la poule commune;
elle les défend avec le même courage; il
semble que sa sollicitude pour eux rend sa
vue plus perçante; elle découvre l'oiseau de
proie d'une distance prodigieuse, et lorsqu'il
est encore invisible à tous les autres yeux; dès
qu'elle l'a aperçu, elle jette un cri d'effroi,
qui répand la consternation dans toute la
couvée; chaque dindonneau se réfugie dans
les buissons, ou se tapit dans l'herbe, et la
mère les y retient en répétant le même cri
d'effroi autant de temps que l'ennemi est à
portée; mais le voit-elle prendre son vol d'un
autre côté, elle les en avertit aussitôt par un
autre cri et qui est pour tous le signal de sortir
des lieux où ils se sont cachés et de se rassembler autour d'elle.

LA PEINTADE (pl. 12).

Famille des Gallinacés alectrides.

La peintade est de la grosseur d'une poule ; son plumage, sans avoir des couleurs riches et éclatantes, est cependant très-distingué : c'est un fond gris bleuâtre plus ou moins foncé sur lequel sont semées assez régulièrement des taches blanches plus ou moins rondes, représentant assez bien des perles ; elle a le bec chargé d'une crête qui approche de celle du dindon, et sa tête est défendue par un casque dur et osseux. Sa queue abaissée et ses ailes relevées forment sur son dos une espèce de bosse. Le cri de la peintade est aigre et perçant ; à la longue il devient très-incommode. C'est un oiseau vif, inquiet, turbulent qui n'aime pas à se tenir en place et qui sait se rendre maître dans la basse-cour ; il se fait craindre des dindons mêmes, et, quoique beaucoup plus petit, il leur en impose par sa pétulance. Comme il a les ailes fort courtes il vole pesamment, mais il court très-vite.

La peintade est originaire de l'Afrique ; ses œufs sont bons à manger. La chair des peintadeaux est très-délicate.

LE TÉTRAS OU LE GRAND COQ DE BRUYÈRE.

Famille des Gallinacés alectrides (pl. 12).

Le tétras ou grand coq de bruyère a près de quatre pieds de vol ou d'envergure : son poids est communément de douze à quinze livres ; il a le bec fort et tranchant ; son plumage est noir avec des reflets bronzés ; les aisselles sont blanches avec quelques hachures sur la queue ; la femelle est variée à-peu-près à la manière de l'outarde. Cet oiseau a une tache rouge au-dessus des yeux formée par une peau glanduleuse ; il vit solitaire sur les montagnes dans les bois de pins et de bouleaux. Il se nourrit de feuilles ou de sommités de sapins , de genévrier, de saule, de bouleau et des pousses de plusieurs plantes. Vers le mois de fevrier, on le voit perché sur un arbre la queue étendue, le cou incliné , et comme dans une espèce d'extase, appeler ses femelles par ses cris. Sa chair est très-estimée ; cet oiseau habite les Alpes, les Pyrénées, les montagnes de l'Auvergne, de la Westphalie, de la Souabe, d'É-cosse et de Norwège : on le trouve aussi dans l'Amérique septentrionale.

6*

LE PETIT TÉTRAS OU COQ DE BRUYÈRE A QUEUE FOURCHUE (pl. 12).

Il ressemble beaucoup au grand tétras, mais il n'est pas plus gros qu'un coq ordinaire et ne pèse que trois à quatre livres ; il en diffère encore par sa queue fourchue, et par un plumage plus noir. Cet oiseau vole le plus souvent en troupe et se perche sur les arbres ; il se nourrit principalement de sommités de bouleau et de baies de bruyère. Il faut observer le tétras vers la fin de l'hiver ; c'est alors qu'on voit chaque jour les mâles se rassembler le matin, au nombre de cent ou plus, dans quelque lieu élevé, tranquille, environné de marais et couvert de bruyère ; là ils s'attaquent avec fureur, jusqu'à ce que les plus faibles aient été mis en fuite ; après quoi les vainqueurs se promènent sur un tronc d'arbre, ou sur l'endroit le plus élevé du terrain, l'œil en feu, les sourcils gonflés, les plumes hérissées, la queue étalée en éventail faisant la roue, battant les ailes en bondissant et appelant les femelles par un cri qui retentit au loin ; les femelles répondent à la voix des mâles par un autre cri ; elles se rassemblent autour d'eux et reviennent très-exactement les jours suivans au même rendez-vous.

LA GÉLINOTTE.

Famille des Gallinacés alectrides, genre des Tétras (pl. 13).

La gélinotte est de la grosseur d'une bartavelle ; son plumage tient de celui du faisan ; les plumes de sa queue sont cendrées avec une raie noire qui les traverse dans le milieu. Sa nourriture est à peu près la même que celle des tétras ; on la chasse en l'attirant avec des appeaux qui imitent son cri ; sa chair est recherchée ; ses pieds sont garnis de plumes, ainsi que ceux des tétras et des lagopèdes.

Les gélinottes se plaisent dans les forêts ; elles abondent dans les bois qui sont au pied des Alpes et des Apennins ; on en trouve aussi en Silésie et en Pologne.

LE GANGA ou *Gélinotte des Pyrénées* (pl. 13). Elle présente plusieurs différences avec la gélinotte ordinaire ; ses ailes sont plus longues, son vol par conséquent plus rapide et plus léger ; elle a le tour des yeux noirs et le bec presque droit ; elle est de la grosseur d'une perdrix grise.

LA GROSSE GÉLINOTTE DU CANADA (pl. 13). Elle est un peu plus grosse que la gélinotte ordinaire et lui ressemble par ses ailes courtes ;

mais on la reconnaît à deux touffes de plumes
qu'elle a au haut de la poitrine et qui forment
des espèces de fausses ailes que l'oiseau peut
relever à volonté.

LE LAGOPÈDE.

*Famille des Gallinacés alectrides, genre
des Tétras (pl. 13).*

Cet oiseau auquel on a donné impropre-
ment le nom de perdrix blanche, habite les
sommets glacés des Alpes et des Pyrénées;
son plumage presque absolument blanc pendant l'hiver se couvre de taches brunes semées
sans ordre pendant la belle saison. Il ne se
plaît que dans une température glaciale; car,
à mesure que la neige se fond sur le penchant
des montagnes, il monte et va chercher sur
les sommets les plus élevés, celle qui ne fond
jamais, et il y creuse des trous, des espèces
de clapiers, où 'l se met à l'abri des rayons
du soleil qui paraissent l'offusquer. Les lagopèdes volent pesamment et par troupes : lorsqu'ils voient un homme, ils restent immobile
sur la neige pour n'être point aperçus ; mais
ils sont ordinairement trahis par leur blancheur qui a plus d'éclat que la neige même.
Au reste, ce sont des oiseaux stupides et crain-

umes
ment
u peut

genre

opre-
e les
nées;
pen-
mées
ie se
car,
nt.
sur
fond
ièces
vons
igo-
crs-
bile
mais
lan-
me.
ain-

Faisan
Cocquard
Eperonnier
Faisan noir et blanc
Faisan Doré
Femelle
Male
Paon
Paonne

tifs. Le lagopède est monogame, c'est-à-dire chaque mâle n'a qu'une seule femelle.

LE PAON.

Famille des Gallinacés alectri-
des. (pl. 14).

Si l'empire appartenait à la beauté et non à la force, le paon serait sans contredit le roi des oiseaux ; il n'en est point sur qui la nature ait versé ses trésors avec plus de profusion : la taille grande, le port imposant, la démarche fière, la figure noble, les proportions du corps élégantes et sveltes, tout ce qui annonce un être de distinction lui a été donné ; une aigrette mobile et légère peinte des plus belles couleurs, orne sa tête et s'élève sans la charger ; son incomparable plumage semble réunir tout ce qui flatte nos yeux dans le coloris des plus belles fleurs ; tout ce qui les éblouit dans les reflets pétillans des pierreries, et tout ce qui les étonne dans l'éclat majestueux de l'arc-en-ciel.

Le paon est originaire des Indes orientales ; son plumage est d'un vert doré. Les longues plumes de sa queue, qu'il relève ou étale en éventail, ont, à leur extrémité, une plaque appelée œil ou miroir. Sa femelle n'a ni cette longue queue, ni ces couleurs brillantes. Le paon, orgueilleux de sa beauté, domine dans les basses-cours, et se fait respecter des autres gallinacés, qui n'osent prendre leur pâture qu'après qu'il a fini son repas. Il vole mal, mais il aime à se percher, pour dormir, sur un arbre ou sur un toit. Chaque année, à l'époque de la mue, ses belles plumes se flétrissent et tombent; alors, comme s'il craignait de se faire voir dans cet état humiliant, il cherche les retraites les plus sombres pour s'y cacher à tous les yeux, jusqu'à ce qu'un nouveau printemps lui ait rendu sa parure. Il est impossible de réunir toujours les dons extérieurs et les talens aimables. Le cri du paon est triste et insupportable : il vit au moins vingt-cinq ans. Il se nourrit de toutes sortes de graines. La chair des paonneaux est bonne, celle du paon est sèche, dure et coriace; on prétend qu'elle peut se conserver pendant plusieurs années sans corruption. La chair du paon était un mets très-estimé chez nos aïeux. Les rois, les princes et les grands seigneurs donnaient très-peu de festins d'appareil où le paon ne parût comme le plat distingué; on le servait rôti, on le parait de ses plumes, qu'on avait enlevées proprement avec la peau;

quelquefois, au lieu de lui rendre sa robe naturelle, on poussait la magnificence jusqu'à le couvrir de feuilles d'or. C'était aux dames les plus distinguées par leur rang ou leur naissance qu'appartenait l'honneur de poser le paon sur la table, et celui de le dépecer était dévolu au convive le plus renommé par sa valeur et sa courtoisie. Souvent cet office glorieux, excitant l'enthousiasme du chevalier tranchant, il se levait, et, la main étendue sur l'oiseau, faisait à haute voix un vœu d'audace ou d'amour ; par exemple, il jurait de porter, dans la prochaine bataille, le premier coup de lance aux ennemis, ou de planter le premier, en l'honneur de sa mie, son étendard sur les murs d'une ville assiégée : c'était ce que l'on appelait le *vœu du paon*. Le vœu du premier preux achevé, on présentait successivement le plat aux autres convives, qui tous, chacun à leur tour, faisaient un serment à peu près du même genre. Souvent les têtes s'échauffaient ; chacun voulait surpasser celui qui l'avait précédé, et il résultait de ce moment d'effervescence, les promesses les plus téméraires et souvent les plus extravagantes.

LE FAISAN,

Famille des Gallinacés alectrides (pl. 14).

Le faisan ordinaire a donné son nom au genre *faisan*; ce nom vient de ce qu'il habitait originairement les bords du Phase, fleuve de la Colchide, d'où les Argonautes l'apportèrent en Grèce. Il est de la grosseur d'un coq ordinaire, et peut en quelque sorte le disputer au paon pour la beauté. Il a le port aussi noble, la démarche aussi fière et le plumage presque aussi distingué; mais il n'a pas, comme le paon, la faculté d'étaler son beau plumage, ni de relever les longues plumes de sa queue. Il est aussi dépourvu de l'aigrette qui orne la tête du paon. Ce qu'il y a de plus remarquable dans sa physionomie, ce sont deux pièces de couleur écarlate, au milieu desquels sont placés les yeux, et deux bouquets de plumes d'un vert doré, qui, vers le mois de mai, s'élèvent de chaque côté au-dessus des oreilles. Son plumage roux présente des reflets verts, bruns ou noirâtres, selon l'incidence de la lumière : sa tête est bleue.

Le faisan est ami de la liberté; son naturel est si farouche, que non-seulement il fuit l'homme, mais qu'il évite les autres oiseaux de son espèce. Son cri, analogue à celui de la peintade, est désagréable. La femelle fait son nid dans le recoin le plus obscur de son habitation; et, quoiqu'elle le fasse fort grossièrement en apparence, elle le préfère à tout autre mieux construit. Si on lui en propose un tout fait, elle commence par le détruire et par en éparpiller tous les matériaux, qu'elle arrange elle seule à sa manière. Chaque année elle ne fait qu'une seule ponte d'environ vingt œufs.

Le Cocquar, ou *Faisan bâtard* (pl. 14) est le produit du mélange du faisan avec la poule ordinaire. Il représente l'espèce du faisan par le cercle rouge qui entoure ses yeux et par sa longue queue; et il se rapproche du coq ordinaire par les couleurs communes et obscures de son plumage.

Une partie de tout ce que nous avons dit sur la renommée du paon peut s'appliquer au faisan. Cet oiseau jouissait des mêmes honneurs; on le servait sur la table avec la même pompe : enfin on faisait des vœux sur lui comme sur le paon.

Tome I.

7

Oiseaux étrangers qui ont rapport au Faisan.

LE FAISAN DORÉ, ou TRICOLOR HUPPÉ DE LA CHINE (pl. 14). Cet oiseau est plus petit que notre faisan ; ses couleurs sont bien plus éclatantes. Son nom de tricolor huppé indique le rouge, le jaune doré et le bleu, qui dominent dans son plumage, et sur les longues et belles plumes qu'il a sur la tête, et qu'il relève, quand il veut, en manière de huppe. Le plumage de la femelle n'a rien de remarquable.

LE FAISAN NOIR ET BLANC DE LA CHINE (pl. 14). Il est beaucoup plus gros que le faisan d'Europe, et, comme lui, il a les yeux entourés d'une bordure rouge. Le dessus de son corps est blanc, et le dessous d'un beau noir, avec des reflets pourpres. Le plumage de la femelle est d'un rouge-brun.

L'ÉPERONNIER (pl. 14) appartient aussi à la Chine ; son plumage est d'une beauté admirable ; sa queue est semée de miroirs et de taches brillantes, de forme ovale et d'une couleur pourpre, avec des reflets bleus, verts et or ; il en a aussi une très-grande quantité sur le au

petit
. plus
dique
lomi-
tes e
leve.
. L
mar

isi
?.

à.

Pl.24
Hocco femelle
Hocco Mâle.
Yacou
Parraca
Pauxi
Hoazin
Marail.

dos ou sur les ailes ; et , comme le fond du plumage est brun , on croirait voir une belle peau de martre zibeline , enrichie de saphirs , d'opales , d'émeraudes et de topazes. Le mâle surpasse en grosseur le faisan ordinaire. La femelle est d'un tiers plus petite que le mâle : les couleurs de son plumage sont moins vives.

LE HOCCO,

Famille des Gallinacés alectrydes (pl. 15).

Le hocco approche de la grosseur du dindon ; son bec épais est surmonté d'une tubercule qui s'avance jusque sur les yeux ; il porte sur la tête une huppe noire , quelquefois noire et blanche , haute de deux ou trois pouces , et que l'oiseau peut coucher en arrière ou relever à son gré. Son plumage est noir, avec des reflets verdâtres. Il diffère du dindon par sa grosse tête, son cou renfoncé et sa huppe : il est d'ailleurs privé de la faculté de faire la roue. Le hocco est un oiseau paisible , sans défiance et même stupide, qui ne voit pas le danger , ou du moins qui ne fait rien pour l'éviter. Un voyageur rapporte qu'il en a tué jusqu'à neuf de la même bande avec le même fusil, qu'ils lui donnèrent le temps de recharger autant de fois qu'il fut nécessaire. Du reste, il est sociable, susceptible d'attachement, et s'apprivoise aisément. Il s'écarte pendant le jour et va même fort loin, mais il revient toujours pour coucher ; il devient même familier au point de heurter à la porte avec son bec pour se faire ouvrir, de tirer les domestiques par l'habit lorsqu'ils l'oublient, de suivre son maître partout ; s'il en est empêché, de l'attendre avec inquiétude, et de lui donner à son retour des marques de la joie la plus vive. On le trouve à la Guyanne. Sa chair est bonne à manger.

LE PAUXI OU LE PIERRE (pl. 15).

Famille des Gallinacées alectrides, genre des Hoccos.

Cet oiseau ressemble à plusieurs égards au hocco, mais il n'a point, comme lui, la tête surmontée d'une huppe, et le tubercule qu'il a sur le bec est plus gros, fait en forme de

poire et de couleur bleue : il est d'ailleurs
plus petit et son bec plus couché. Le plumage du pauxi est d'un beau noir ; ses mœurs
et son caractère sont à peu près les mêmes
que celui du hocco. On le trouve à
Cayenne.

L'HOAZIN (pl. 15).

*Famille des Gallinacés alectrydes , genre
des Hoccos.*

Cet oiseau est moins gros qu'une poule
dinde. Il est d'un fauve brun sur le dos ; la poitrine est d'un blanc jaunâtre ; il porte une huppe
plus haute que celle du hocco, mais il ne
peut la baisser et la relever à son gré. Sa voix
est forte et effrayante, et il passe chez les
Indiens pour un oiseau de mauvais augure.
Il se trouve dans les contrées les plus chaudes
du Mexique.

L'YACOU (pl. 15).

*Famille des Gallinacés alectrydes, genre
des Hoccos.*

Sa taille est celle d'une poule ordinaire ;

il a le bec et la huppe du hocco, le cou menu, une membrane rouge et charnue sous la gorge. Le noir mêlé de brun est la couleur principale de son plumage. Ses pieds sont d'un rouge assez vif. Le naturel du yacou est doux et tranquille ; son cri *ya-cou* lui a mérité le nom qu'il porte. On le trouve au Brésil.

LE MARAIL.

Famille des Gallinacés alectrides, genre des Pénélopes (pl. 15).

Cet oiseau a le bec nu à sa base, la tête couverte de plumes, le gosier nu, ponctué de blanc, le tour des yeux nu et rouge. La couleur de son corps est un vert noirâtre. On le trouve en Amérique, surtout à la Guyanne, près des côtes ; il passe la nuit sur les arbres élevés et se nourrit de leurs fruits. Jeune, on l'apprivoise aisément. Il chante désagréablement ; la couleur du bord des yeux et de la partie nue du cou devient plus foncée quand on l'irrite. Sa chair est excellente.

Le PARRAKA (planche 15) est encore un oiseau du même genre, mais il est très-peu

Bartavelle
Perdrix rouge
Perdrix de Montagne
Perdrix grise
Turnix
Caille
Francolin mâle
Bis-ergot

connu. Les plumes de sa tête sont de couleur fauve et lui forment une espèce de huppe.

LA PERDRIX GRISE (pl. 16).

Famille des Gallinacés alectrydes, genre des Tétras.

La perdrix a comme la gélinotte et le lagopède une tache nue et caronculée au-dessus de l'œil et les pattes grises. Cet oiseau sédentaire aime les terres à blé et s'écarte peu du canton où il est né ; son chant peu agréable imite assez bien le bruit d'une scie ; le mâle se distingue de la femelle par un tubercule calleux qu'il a à chaque pied, et par la marque noire qu'il porte sous le ventre. Le mâle et la femelle se recherchent vers la fin de l'hiver, et ces couples fidèles ne se séparent plus. Un nid grossièrement arrangé dans les pas d'un bœuf ou d'un cheval sert à la perdrix pour y déposer, vers la fin de mai, quinze ou vingt œufs. Elle les couve seule, et le mâle se tient auprès du nid pour l'accompagner quand elle va chercher sa nourriture. Le mâle qui n'a point pris part au soin de couver les œufs partage avec leur mère celui d'élever les petits; ils les mènent en commun, les appèlent sans cesse et leur montrent la nourriture qui leur convient; il n'est pas rare de les trouver accroupis l'un près de l'autre et couvrent de leurs ailes leurs petits poussins; si un chien s'approche, le mâle part le premier en poussant un cri d'alarme, et va se poser à trente ou quarante pas. On en a vu revenir sur le chien en battant les ailes, tant l'amour paternel inspire de courage aux animaux les plus timides! souvent il fuit pesamment et en traînant l'aile comme pour attirer l'ennemi par l'espérance d'une proie facile; et, fuyant toujours assez pour n'être point pris, mais pas assez pour décourager le chasseur, il l'écarte de plus en plus de la couvée. De son côté, la femelle part un instant après et s'éloigne beaucoup plus, toujours dans une autre direction; à peine s'est-elle abattue qu'elle revient sur-le-champ en courant le long des sillons et s'approche de ses petits qui se sont blottis chacun de son côté dans les herbes et dans les feuilles; elle les rassemble promptement, et, avant que le chien qui s'est emporté après le mâle, ait eu le temps de revenir, elle les a déjà emmenés fort loin sans que le chasseur ait entendu le moindre bruit.

La *perdrix de montagne* (planche 6) paraît être une race intermédiaire entre les perdrix grises et les perdrix rouges. Elle est à peu près de la grosseur de cette première, mais elle en diffère par son bec et ses pieds rouges.

LES PERDRIX ROUGES.

La Bartavelle ou perdrix grecque. (pl. 5). Sa grosseur est le double de la perdrix grise; elle en diffère encore par ses pieds rouges. Ses mœurs sont à-peu-près les mêmes. Cette espèce est très-commune dans les îles de la Grèce.

La *Perdrix rouge d'Europe* (pl. 16). Cette perdrix tient le milieu pour la grosseur entre la bartavelle et la perdrix grise : elle n'est pas aussi répandue que cette dernière, et se plaît dans les pays montagneux et tempérés de l'Europe. Elle a les pieds et le bec rouges, la poitrine cendrée avec une tache rousse, la queue cendrée ou d'un gris roussâtre ; son col est blanc. Le naturel de la perdrix rouge

est plus sauvage que celui de la perdrix grise ;
elles vont aussi par compagnies ; mais il n'y
règne pas une union aussi parfaite. Cet oiseau
dépose sur la terre ses œufs blancs marqués
de nombreuses taches rouges. Sa chair est
délicieuse.

LE FRANCOLIN.

*Famille des Gallinacés alectrides , genre
des Tétras (pl. 16).*

Le francolin a beaucoup de rapport avec
la perdrix , mais il en diffère non-seulement
par les couleurs de son plumage , par son
port et son cri , mais encore parce qu'il a
un éperon à chaque jambe, tandis que la perdrix grise n'a qu'un tubercule calleux au lieu
d'éperon. Il est aussi beaucoup moins répandu ;
on ne le trouve qu'en Espagne, en Italie et
en Sicile. Son plumage est fort beau ; il a un
collier très-remarquable de couleur orangée ;
sa grosseur surpasse un peu celle de la perdrix grise ; sa chair est très-estimée.

Le *bis-ergot* (pl. 16) ressemble au francolin ; mais le double ergot qu'il a à chaque

pied peut le faire considérer comme étant d'une espèce différente. Il appartient au Sénégal.

LA CAILLE.

Famille des Gallinacés alectrides , genre des Tétras (pl. 16).

La caille est un oiseau de passage plus petit que la perdrix ; ses mœurs sont moins douces et son naturel plus rétif ; elle a les inclinations moins sociales ; elle ne se réunit guère par compagnies, si ce n'est à l'époque des émigrations, où l'on en voit des troupes nombreuses traverser les mers pour se rendre sur es côtes d'Afrique ; en tout autre temps elle vit solitairement. Dès que l'accouplement est fini le mâle semble fuir ses femelles ; il les repousse à coups de bec et ne s'occupe en aucune façon du soin de sa famille ; de leur côté les petits sont à peine adultes qu'ils se séparent; si on les réunit par force dans un lieu fermé, ils se battent à outrance les uns contre les autres, sans distinction de sexe, et ils finissent par se détruire. Dans quelques ville d'Italie on

tire parti, pour l'amusement, de ce naturel
querelleur : on prend deux cailles à qui on
donne à manger largement ; on les met ensuite vis-à-vis l'une de l'autre, chacune au bout
opposé d'une longue table, et l'on jette entre
deux quelques grains de millet qui deviennent
la pomme de discorde ; d'abord elles se lan-
cent des regards menaçans, puis, partant
comme un éclair, elles se joignent, s'attaquent à coup de bec et ne cesent de se battre,
en dressant la tête et s'élevant sur leurs er-
gots jusqu'à ce que l'une cède à l'autre le
champ de bataille; ce jeu puéril était tellement
en honneur chez les Romains, qu'Auguste fit
punir de mort un préfet d'Egypte qui avait
acheté et fait servir sur sa table un de ces
oiseaux qui avait acquis de la célébrité par ses
victoires.

La caille est répandue dans toute l'Europe.
Vers la fin du printemps qui est la saison de
leur arrivée, il en tombe une quantité si prodigieuse sur les côtes occidentales du royaume
de Naples, que dans une étendue de quatre ou
cinq milles, on en prend quelquefois jusqu'à
cent milliers dans un jour. Il en tombe aussi
beaucoup sur les côtes de Provence. Elles

Pl. 25.
Pigeons
Paon
Nonain
Grosse gorge anglais.
Grosse Gorge
Commun
Bizet
Petit huppé
Turc
Cravate
de Nicobar
Couronné
Romain

sont si fatiguées de la traversée, que les premiers jours on les prend à la main.

LE TURNIX OU CAILLE DE MADAGASCAR (pl. 16) est plus petite que la caille commune ; son plumage est différent et elle n'a que trois doigts antérieurs à chaque pied.

LE PIGEON (pl. 17).

Famille des Gallinacées alectrydes.

Il était aisé de rendre domestiques des oiseaux pesans, tels que les coqs, les dindons et les paons; mais ceux qui sont légers et dont le vol est rapide, demandaient plus d'art pour être subjugués. Une chaumière basse, dans un terrain clos, suffit pour contenir, élever et faire multiplier nos volailles; il faut des tours, des bâtimens faits exprès, bien enduits en dehors, et garnis en dedans de nombreuses cellules, pour attirer, retenir et loger les pigeons. Ils ne sont réellement ni domestiques comme les chiens et les chevaux, ni prisonniers comme les poules; ce sont plutôt des captifs volontaires, des hôtes fugitifs, qui ne se tiennent dans un logement qu'autant qu'ils s'y plaisent, autant qu'ils y trouvent la nourriture abondante, le gîte agréable, et toutes les commodités, toutes les aisances nécessaires à la vie. Pour peu que quelque chose leur manque ou leur déplaise, ils quittent et se dispersent pour aller ailleurs. Il y en a même qui préfèrent constamment les trous poudreux des vieilles murailles aux boulins les plus propres de nos colombiers ; d'autres qui se gîtent dans des fentes et des creux d'arbres ; d'autres qui semblent fuir nos habitations et que rien ne peut y attirer ; tandis qu'on en voit, au contraire, qui n'osent les quitter, et qu'il faut nourrir autour de leur volière, qu'ils n'abandonnent jamais.

Le plumage du pigeon varie à l'infini, mais il est le plus ordinairement cendré ; sa queue est souvent blanche, rayée de noir ; le bec est grêle, renflé à son extrémité ; les doigts sont séparés presqu'à leur origine. En général, le pigeon aime la société ; il est monogame, c'est-à-dire, ne s'attache qu'à une seule femelle pendant la saison des amours ; c'est le symbole de l'amitié constante et de l'amour fidèle. La femelle pond deux œufs, qu'elle couve pendant le jour, le mâle vient prendre sa place vers le soir, pour lui donner quelque repos. Si le retour de l'un d'eux a trop tardé, l'autre alarmé par sa tendresse, va le chercher, et le ramène sans plaintes et sans reproches. L'incubation dure dix-sept à dix-huit jours en été, et jusqu'à vingt jours en hiver. L'attachement de la femelle à ses œufs est si grand, si constant, qu'on en a vu souffrir les incommodités les plus grandes, les douleurs les plus cruelles, plutôt que de les quitter. Une femelle entr'autres dont les pattes gelèrent et tombèrent, et qui, malgré cette souffrance et cette perte de membres, continua sa couvée jusqu'à ce que ses petits fussent éclos : ses pattes avaient gelé parce que son panier était tout prêt de la fenêtre de sa volière. Quand les pigeonneaux sont éclos, le mâle dégorge la nourriture qu'il apporte dans le bec de la colombe, et elle la transmet de même à ses petits.

On a su tirer parti de l'attachement que le pigeon a pour sa femelle, en lui faisant porter des messages qui parviennent en très-peu de temps à leur destination : il suffit pour cela de séparer un pigeon de sa colombe, et de le transporter dans le lieu d'où l'on veut recevoir des nouvelles, et de le lâcher ensuite, après avoir fixé sa missive sous l'aile ; le pigeon vole droit au colombier de sa femelle, et peut traverser en moins de cinq heures, un espace de plus de vingt lieues.

Le pigeon vulgaire, que l'on peut regarder comme la souche de tous les pigeons domestiques se nomme *biset*. Il en existe peut-être plus de mille variétés ; quelques-unes des principales sont représentées dans les planches 17 et 18.

LE RAMIER (pl. 18).

Famille des Gallinacés alectrydes, genre des Pigeons.

Le ramier est beaucoup plus gros que le biset, mais il tient de très-près à la race des pigeons et fait partie du même genre. Cet oiseau a le bec et l'iris de ses yeux jaunâtre ; le plumage de sa poitrine est teint d'un violet chatoyant qu'on nomme gorge de pigeon. C'est un oiseau de passage. Il niche sur les rameaux des grands arbres, où il roucoule plus fortement que l'espèce précé-

Pl.23.
Maurin.
Cravate de Frisch
Pigeons
Ramiret
Cavalier
Ramier
de la Jamaïque
Polonois
Ramier des Moluques
Culbutant

PL.20.
Tourterelle blanche.
Tourterelle a Collier
Tourterelle commune
Tourocco
Tourtelette
Tourterelle du Canada
Tourterelle du Sénégal

dente : ses mœurs sont du reste absolument semblables ; mais il est difficile à apprivoiser.

LA TOURTERELLE (pl. 19).

Famille des Gallinacés alectrydes, genre des Pigeons.

La tourterelle a les plumes de la queue blanches à leur extrémité, et un collier dont la couleur varie selon les espèces ; son dos est gris et sa poitrine est incarnate. Ses mœurs sont les mêmes que celles du ramier, mais elle est moins sauvage. Cet oiseau arrive dans notre climat fort tard au printemps, et le quitte dès la fin du mois d'août. Toutes les tourterelles, sans en excepter une, se réunissent en troupes, arrivent, partent et voyagent ensemble. Pendant le court espace de temps qu'elles séjournent ici, elles s'apparient, nichent, pondent, et élèvent leurs petits, au point de pouvoir les emmener avec elles. Ce sont les bois les plus sombres et les plus frais qu'elles préfèrent pour s'y établir ; elles placent leur nid, qui est presque tout plat, sur les plus hauts arbres , dans les lieux les plus éloignés de nos habitations.

Parmi les variétés de la tourterelle , on remarque la *tourterelle à collier* et la *tourterelle blanche* ; on connaît aussi la *tourterelle du Canada*, qui est un peu plus grande que celle d'Europe , et qui n'en diffère que par sa longue queue ; la *tourterelle du Sénégal*, qui n'est probablement qu'une variété de la tourterelle d'Europe ; le *touroco du Sénégal*, qui paraît devoir former une espèce nouvelle. Cet oiseau ayant le bec et plusieurs autres caractères de la tourterelle , porte sa queue comme le hocco, la *tourtelette* , beaucoup plus petite que la tourterelle, mais dont la queue est plus longue. On la trouve aussi au Sénégal. (*Voyez la pl.* 19.)

LE CRAVE OU LE CORACIAS ,

Famille des Passereaux plénirostres , genre des Rolliers (pl. 20).

Cet oiseau, qui est de la taille d'un corbeau, a un bec long, menu , arqué et de couleur rouge ; ses yeux sont entourés d'un petit cercle rouge ; son plumage est noir avec

Crave.
Corbeau.
Corneille noire
Corneille Mantelée
Preux

des reflets verts, bleus, pourprés, qui jouent admirablement sur un fond obscur. Il se plaît sur le sommet des plus hautes montagnes, et descend rarement dans la plaine. Le coracias est un oiseau d'une taille élégante, d'un naturel vif, inquiet, turbulent, et qui cependant se prive jusqu'à un certain point.

Par une habitude, qui tient sans doute au même instinct qui porte les corneilles, les pies, les choucas à s'attacher aux pièces de métal et à tout ce qui est luisant, et s'approprier tout ce qui brille, on l'a vu quelquefois chercher à casser des carreaux de vîtres du dehors en dedans, comme pour entrer dans les maisons par la fenêtre; on l'a vu même enlever du foyer de la cheminée des morceaux de bois tout allumés, et mettre ainsi le feu dans la maison; en sorte que ce dangereux oiseau joint la qualité d'incendiaire à celle de voleur domestique.

Le coracias fait entendre presque continuellement un cri aigu, quoique sonore. Il se nourrit de grains et d'insectes. La femelle établit son nid au haut des vieilles tours abandonnées et des rochers escarpés. Il habite les Alpes, les montagnes d'Auvergne et de la Suisse.

LE CORBEAU ,

Famille des Passereaux plénirostres ,
(pl. 20).

On a toujours regardé le corbeau comme le dernier des oiseaux de proie , et comme l'un des plus lâches et des plus dégoûtans , car il partage, avec les quadrupèdes carnassiers , les dépouilles des cadavres , et se nourrit des charognes les plus infectes ; si on ajoute à cela son plumage lugubre , son cri plus lugubre encore , son port ignoble , son regard farouche , tout son corps exhalant l'infection, on ne sera pas surpris que dans tous les temps il ait été regardé comme un objet de dégoût et d'horreur. Sa chair était interdite aux Juifs, les sauvages n'en mangent jamais , et parmi nous les plus malheureux n'en mangent qu'avec répugnance, et après avoir enlevé la peau, qui est très-coriace. Partout on le met au nombre des oiseaux sinistres. Les anciens , qui regardaient les oiseaux comme les interprètes du destin, s'attachèrent à en étudier toutes les actions , toutes les circonstances de son vol , toutes les différences de

sa voix , dont on avait compté jusqu'à soixante
inflexions distinctes , qui avaient chacune une
signification déterminée. Quelques-uns ont
poussé la folie jusqu'à manger le cœur et les
entrailles des corbeaux , dans l'espérance de
s'approprier leur don de prophétie.

La taille d'un corbeau est celle d'un coq ;
son plumage est d'un noir uniforme, avec des
reflets verts et violets.

Non-seulement le corbeau a un grand
nombre d'inflexions de voix répondant à ses
différentes affections intérieures ; il a encore
le talent d'imiter le cri des autres animaux
et même la parole de l'homme. *Colas* est le
mot que le corbeau prononce le plus aisément;
on en cite un qui, lorsqu'il avait faim appelait
distinctement le cuisinier de la maison nommé
Conrad. Le corbeau est susceptible d'une cer-
taine éducation ; il se prive et paraît même
capable d'un attachement personnel et durable
témoin, ce corbeau privé ; qui , s'étant laissé
entraîner trop loin par ses camarades sauvages et n'ayant pu sans doute retrouver le
lieu de sa demeure , reconnut dans la suite
l'homme qui avait coutume de lui donner à
manger, plana quelque temps au-dessus de lui
en coassant comme pour lui faire fête , vint

se poser sur sa main et ne le quitta plus. Ce que rapporte Aulugelle du corbeau de Valérius est encore plus remarquable : un Gaulois de grande taille, ayant défié à un combat singulier le plus brave des romains, un tribun nommé Valérius, qui accepta le défi, ne triompha du Gaulois que par le secours d'un corbeau qui ne cessa de harceler son ennemi, et toujours à propos, lui déchirant les mains avec son bec, lui sautant au visage et aux yeux de toute sa force. C'est ce même Valérius à qui le nom de *Corvinus* en resta.

Les corbeaux ne sont point des oiseaux de passage, et diffèrent en cela des corneilles. Ils semblent particulièrement attachés au rocher qui les a vus naître ; on les y voit toute l'année en nombre à-peu-près égal. Ils ne passent point la nuit dans les bois comme la corneille. Ils se choisissent dans les montagnes une retraite à l'abri du nord sous les voûtes naturelles formées par des avances ou des enfoncemens de rocher ; ils font leurs nids dans les crevasses de ces mêmes rochers, dans les trous de vieilles murailles ou sur les hautes branches des grands arbres isolés. Chaque mâle a sa femelle à qui il demeure attaché plusieurs années de suite ; car ces oiseaux se odieux, si dégoutans pour nous, savent néanmoins s'inspirer un amour réciproque et constant. La femelle pond cinq ou six œufs d'un vert pâle et brunâtre. Pendant le temps de l'incubation le mâle a soin de pourvoir à sa nourriture. On soupçonne que le corbeau fait des provisions pour l'hiver, car on a souvent trouvé dans son nid et aux environs, des amas assez considérables de grains, de noix et d'autres fruits. L'habitude de faire des provisions et de cacher ce qu'ils peuvent attraper, ne se borne pas aux comestibles ; elle s'étend à tout ce qui se trouve à leur bienséance ; il paraît qu'ils préfèrent les pièces de métal et tout ce qui brille. On en a vu un à Erfurt qui eut bien la patience de porter une à une et de cacher sous une pierre dans un jardin une quantité de petites monnaies jusqu'à la concurrence de six florins.

Le mâle veille aussi à la défense de sa famille ; s'il s'aperçoit qu'un milan ou que tout autre oiseau de proie s'approche de son nid, il prend son essor, gagne le dessus et se rabattant sur l'ennemi il le frappe violemment de son bec : si l'oiseau de proie fait des efforts pour reprendre le dessus, le corbeau en fait de nouveaux pour conserver son avantage jusqu'à ce qu'excédés de fatigue, l'un ou l'autre ou tous les deux se laissent tomber du haut des airs.

LA CORNEILE NOIRE OU CORBINE (pl. 20.)

Famille des Passereaux crénirostres , genre des Corbeaux.

La corneille est moins grosse que le corbeau; elle en diffère par quelques habitudes naturelles , mais elle lui ressemble à d'autres égards. Elles passent l'été dans les grandes forêts , d'où elles sortent de temps en temps pour chercher leur subsistance et celle de leur couvée; elles sont omnivores comme le corbeau; en hiver elles se réunissent en troupes nombreuses et fréquentent les lieux habités. On les voit alors se tenant presque toujours à terre pendant le jour , errant pêle-mêle avec nos troupeaux et nos bergers, voltigeant sur les pas de nos laboureurs et sautant quelquefois sur le dos des cochons et des brebis avec une familiarité qui les ferait prendre pour des animaux domestiques et apprivoisés. La nuit elles se rassemblent dans les forêts, sur de grands arbres qu'elles paraissent avoir adoptés et qui sont des espèces de rendez-vous, où elles se rassemblent le soir de tous côtés, quelquefois de plus de trois lieues à la ronde. Ce genre de vie est commun aux deux autres espèces de corneilles (le freux et la mantelée.) Dans la saison des amours, elles rompent la société générale pour former des unions plus intimes, plus douces ; elles se séparent deux à deux et semblent se partager le terrain de manière que chaque paire occupe son district d'environ un quart de lieue de diamètre. On assure que ces oiseaux restent constamment appariés toute leur vie ; on prétend même que lorsque l'un d'eux vient à mourir, le survivant lui reste fidèle et passe le reste de ses jours dans un irréprochable veuvage.

Lorsqu'une buse ou une cresserelle vient à passer près du nid, le père et la mère se réunissent pour les attaquer, et ils se jettent sur elles avec tant de fureur, qu'ils les tuent quelquefois en leur crevant la tête à coups de bec. Ils se battent aussi avec les pies-grièches; mais celles-ci, quoique plus petites, sont si courageuses, qu'elles viennent souvent à bout de les vaincre.

Parmi les moyens que les chasseurs employent pour prendre des corneilles, il en est un fort singulier. Il faut avoir une corneille vivante, ou l'attacher solidement contre terre, les pieds en haut, par le moyen de deux crochets qui saisissent de chaque côté l'origine des ailes : dans cette situation pénible elle ne cesse de s'agiter et de crier ; les autres corneilles ne manquent pas d'arriver de toutes parts à sa voix, comme pour lui donner des secours ; mais la prisonnière cherchant à s'accrocher à tout pour se tirer d'embarras, saisit avec le bec et les griffes toutes celles qui s'approchent, et les livre à l'oiseleur. On les prend encore avec des cornets de papier, appâtés de viande crue : lorsque la corneille introduit sa tête pour saisir l'appât qui est au fond, les bords du cornet qu'on a eu la précaution d'engluer, s'attachent autour de sa tête ; elle en demeure coiffée et ne pouvant se débarrasser de cet incommode bandeau qui lui couvre les yeux, elle prend l'essor et s'élève en l'air presque perpendiculairement pour éviter les chocs, jusqu'à ce qu'ayant épuisé ses forces, elle retombe de lassitude fort près de l'endroit d'où elle est partie.

Comme il y a des corbeaux blancs et des corbeaux variés, il y a aussi des corneilles blanches et des corneilles variées de noir et de blanc.

LE FREUX OU LAFRAYONNE (pl. 20)

*Famille des Passereaux crénirostres, genre
des Corbeaux.*

Le fréux est d'une grosseur moyenne entre
le corbeau et la corbine ; il a la voix plus
grave que les autres corneilles ; une peau très-
blanche et farineuse environne la base de son
bec, qui est moins gros, moins fort et comme
râpé. Il ne se nourrit que de grains , de vers
et d'insectes. Ces oiseaux vont par troupes si
nombreuses que l'air en est quelquefois obscurci ; ils causent de grands dommages dans les
terres nouvellement ensemencées ; ils nichent
en société avec ceux de leur espèce non sans
faire grand bruit, car ce sont des oiseaux
très-criards. On voit quelquefois dix ou douze
de leurs nids sur le même chêne. On remarque que lorsqu'un couple apparié travaille à
faire son nid , il faut que l'un des deux reste
pour le garder, tandis que l'autre va chercher
des matériaux convenables ; sans cette précaution et s'ils s'absentaient tous les deux à la fois,
leur nid serait pillé et détruit en un instant par
les autres freux habitans du même arbre, cha-

cun emportant dans son bec les brins d'herbe ou de mousse pour la construction de son propre nid. Le freux est un oiseau de passage ; il habite la plus grande partie de l'Europe.

LA CORNEILLE MANTELÉE (pl. 20).

Passereaux crénirostres , famille des Corbeaux.

Cet oiseau se distingue des deux précédens par les couleurs de son plumage ; il a la tête, la queue et les ailes d'un brun-noir , avec des reflets bleuâtres, et ce noir tranche avec une espèce de scapulaire gris-blanc, qui s'étend par devant et par derrière , depuis les épaules jusqu'à l'extrémité du corps. La corneille mantelée va par troupes nombreuses comme le freux, avec lequel elle a beaucoup de traits de ressemblance dans les mœurs ; mais elle est encore plus familière avec l'homme.

LE CHOUCAS (pl. 21).

Passereaux crénirostres , famille des Corbeaux,

Les choucas ont beaucoup de rapports avec la corneille ; mais ils sont, en général, plus

Pl. 18.
Choquard
Choucas
Choucas moustache
Choucas de la N.lle Guinée
Colnud
Balicasse

petits , leur cri est plus aigu; ils volent en grandes troupes comme le freux ; comme lui ils forment des espèces de peuplades et même de plus nombreuses, composées d'une multitude de nids placés les uns près des autres et entassés , ou sur un grand arbre, ou dans un clocher , ou sur le comble d'un vieux château abandonné. Le mâle et la femelle une fois appariés, restent long-temps fidèles ; chaque printemps on les voit se rechercher avec empressement et se parler sans cesse , car le cri des animaux est un véritable langage , toujours bien parlé , toujours bien compris. Quoique les choucas soient oiseaux de passage, il en reste toujours un assez grand nombre dans le pays pendant l'été. Les tours de Vincennes , près Paris , en sont peuplées en tout temps , ainsi que tous les vieux édifices qui leur offrent la même sûreté et les mêmes commodités.

Cet oiseau se prive facilement ; on lui apprend à parler sans peine : il semble se plaire dans l'état de domesticité , mais ce sont des domestiques infidèles , qui cachent la nourriture superflue qu'ils ne peuvent consommer, et emportant des pièces de monnaie et des bijoux, qui ne leur sont d'aucun usage, appauvrissent le maître sans s'enrichir eux-mêmes.

LE CHOUCAS DÈS ALPES, OU CHOQUARD (pl. 21) est un peu plus grand que le choucas commun ; il a le bec plus petit, plus arqué et couleur jaune-orange, la voix plus aiguë, plus plaintive et fort peu agréable. Il vit principalement de grains, et fait un grand tort aux récoltes. Cet oiseau habite les sommets des Alpes.

Oiseaux étrangers qui ont rapport au Choucas (pl. 21).

LE CHOUCAS MOUSTACHE. Cet oiseau, que l'on trouve au Cap de Bonne-Espérance, est à-peu-près de la grosseur du merle ; son plumage est noir ; la base de son bec est garnie de poils noirs, longs et flexibles, qui lui forment une espèce de moustache.

LE CHOUCAS DÈ LA NOUVELLE GUINÉE. Il est moins gros que le choucas : son plumage est gris.

LE COL-NUD DE CAYENNE. Il est à-peu-près de la grosseur du choucas ; son plumage est noir, à l'exception des grandes plumes de l'aile qui sont grises ; son col est dénué de plumes ; sa tête est recouverte d'une espèce de calotte de velours noir, composée de petites plumes.

LE BALICASSE DES ÎLES PHILIPPINES. Il est de la grandeur du merle. Son plumage est noir et son chant agréable.

LA PIE (pl. 22).

Famille de passereaux crénirostres, genre des Corbeaux.

La pie a une très-grande ressemblance avec la corneille ; ses mœurs et ses habitudes sont à-peu-près les mêmes, car elle est omnivore comme elle, vivant de toutes sortes de fruits, allant sur les charognes, faisant sa proie des œufs et des petits des animaux faibles, et quelquefois même des père et mère, soit qu'elle les trouve engagés dans les piéges, soit qu'elle les attaque à force ouverte. On en a vu une se jeter sur un merle pour le dévorer, une autre enlever une écrevisse, qui la prévint en l'étranglant avec ses pinces. Elle passe ordinairement la belle saison appariée avec son mâle, et occupée de la ponte et de ses suites. L'hiver elle vole par troupes et s'approche des lieux habités. Elle s'accoutume aisément à la vue de l'homme ; elle devient bientôt familière dans la maison, et parvient à se faire respecter des chiens et des chats.

Elle jase à-peu-près comme la corneille, et apprend aussi à contrefaire la voix des autres animaux. On en cite une qui imitait parfaitement les cris du veau, du chevreau, de la brebis et même le flageolet du berger ; une autre, qui répétait en entier une fanfare de trompette. Plutarque raconte qu'une pie, qui se plaisait à imiter d'elle-même la parole de l'homme, le cri des animaux et le son des instrumens, ayant un jour entendu une fanfare de trompette, devint muette subitement, ce qui surprit fort ceux qui avaient coutume de l'entendre babiller sans cesse ; mais ils furent bien plus surpris quelque tems après, lorsqu'elle rompit tout-à-coup le silence, non pour répéter sa leçon ordinaire, mais pour imiter le son des trompettes qu'elle avait entendues, avec les mêmes tournures de chant, les mêmes modulations et dans le même mouvement. On assure que cet oiseau, qui se plaît beaucoup à ce genre d'imitation, et qui s'attache à bien prononcer les mots qu'il

Pie
Geai de Siberie
Geai
Geai du Perou
Geai de Cayenne
Geai de la Chine
Casse noix

a appris, cherche long-temps ceux qui lui ont échappé, fait éclater sa joie lorsqu'il les a retrouvés, et qu'il se laisse quelquefois mourir de dépit lorsque sa recherche est vaine, et que sa langue se refuse à la prononciation de quelque mot nouveau. Margot est le nom qu'on a coutume de lui donner, parce que c'est celui qu'elle prononce le plus volontiers ou le plus facilement.

La pie monte sur le dos des cochons et des brebis, comme font les choucas, et court après la vermine de ces animaux, avec cette différence que le cochon reçoit ce service avec complaisance, au lieu que la brebis, sans doute plus sensible, paraît le redouter. La pie a aussi la mauvaise habitude de voler et de faire des provisions ; en général, elle montre plus d'inquiétude et d'activité que la corneille, plus de malice et de penchant à une sorte de moquerie. Elle met aussi plus de combinaison et plus d'art dans la construction de son nid, le place au haut des plus grands arbres, et n'oublie rien pour le rendre solide et sûr. Ces précautions ne suffisent point encore à sa tendresse pour ses petits ; elle a continuellement l'œil au guet sur ce qui se passe au - dehors. Voit-elle approcher une corneille, elle vole aussitôt à sa rencontre, la harcelle et la poursuit sans relâche et avec de grands cris. Si c'est un ennemi respectable, un faucon, un aigle, la crainte ne la retient pas, et elle l'attaque avec une témérité qui n'est pas toujours heureuse.

Cet oiseau est très-commun en France, en Angleterre, en Allemagne, en Suède et dans toute l'Europe, excepté en Laponie.

LE GEAI (pl. 23).

Famille des Passereaux crénirostres, genre des Corbeaux.

Presque tout ce qui a été dit de l'instinct de la pie peut s'appliquer au geai, et ce sera assez faire connaître celui-ci que de faire signaler les différences qui le caracté-risent.

L'une des principales est cette marque bleue dont chacune de ses ailes est ornée; il a de plus, sur le front, un toupet de petites plumes noires, bleues et blanches; il est d'un quart moins gros que la pie, mais sa queue est plus longue : son plumage est d'un gris-roussâtre.

Les geais sont fort pétulens de leur nature ; ils ont les sensations vives, les mouvemens brusques, et, dans leurs fréquens accès de colère, ils s'emportent et oublient le soin de leur propre conservation, au point de se prendre quelquefois la tête entre deux branches, et ils meurent ainsi suspendus en l'air. Leur pétulence redouble lorsqu'on les met en cage : leurs plumes sont bientôt cassées, usées, déchirées, flétries par un frottement continuel.

Leur cri ordinaire est très-désagréable ; ils ont aussi la disposition à contrefaire celui de divers oiseaux qui ne chantent pas mieux, tels que la cresserelle, le chat-huant, etc. S'ils aperçoivent dans le bois un renard ou quelque autre animal de rapine, ils jettent un certain cri, comme pour s'appeler lès uns les autres, et on les voit en peu de tems rassemblés en force, et se croyent en état d'en imposer par le nombre, ou du moins par le bruit. Ils ont aussi l'habitude d'enfouir les provisions superflues et de dérober tout ce qu'ils peuvent emporter ; mais ils ne se souviennent pas toujours de l'endroit où ils ont enterré leur trésor ; en sorte que souvent on voit germer au printemps les glands et les noisettes qu'ils ont cachés dans la terre et oubliés.

Les geais nichent dans les bois et loin des lieux habités. Ils sont répandus dans toute l'Europe.

Oiseaux étrangers qui ont rapport au Geai (pl. 22).

LE GEAI DE LA CHINE. Il est plus gros que le nôtre ; son bec et ses pieds sont rouges ; son plumage, brun sur le dessus du corps, est bleuâtre en dessous ; la poitrine et le devant du cou sont d'un beau noir ; le derrière de la tête et du cou sont d'un gris tendre.

LE GEAI DU PÉROU. Son plumage est d'une grande beauté ; le vert tendre domine sur la partie supérieure de son corps, le sommet de la tête est orné d'une espèce de couronne blanche. La base du bec est ornée d'un beau bleu, et une sorte de pièce de corps de velours noir qui couvre la gorge et le devant du cou, tranche avec cette belle couleur bleue et avec le jaune-jonquille qui règne sur la poitrine.

LE GEAI DE SIBÉRIE. Il est un peu plus petit que notre geai, et son plumage est différent.

LE GEAI DE CAYENNE. Il est de la grosseur du geai commun, mais son plumage offre différentes nuancesde gris, de blanc, de noir et de violet.

LE CASSE-NOIX (pl. 22).

Famille des Passereaux crénirostres, genre des Corbeaux.

Le casse-noix diffère des geais et des pies par la forme du bec qu'il a plus droit, plus obtus, et composé de deux pièces inégales : il est aussi moins défiant et moins rusé : il aime le séjour des hautes montagnes. Son plumage, sans être brillant, est remarquable par ses mouchetures blanches et triangulaires, qui tranchent sur un fond brun. Cet oiseau se nourrit de noisettes, qu'il perce ou casse fort adroitement; de glands, de baies sauvages, de pignons de pin : il cache, comme le geai et la corneille, ce qu'il n'a pu consommer. On le trouve en Auvergne, en Savoie, en Lorraine, en Franche-Comté, en Suisse et en Autriche.

LE ROLLIER D'EUROPE (pl. 23.)

Famille des Passereaux plénirostres.

Cet oiseau, auquel on a donné les noms de pie de mer et des bouleaux, de perroquet d'Allemagne, a son plumage très-brillant; c'est un assemblage des plus belles nuances du bleu et du vert, mêlées avec du blanc et relevées par l'opposition de couleurs plus obscures. Quoique son naturel soit analogue à celui de la pie et du geai, il est plus sauvage, et se tient dans les bois les plus épais et les moins fréquentés; il ne paraît pas qu'on ait jamais réussi à le priver et à lui apprendre à parler. Le rollier niche ordinairement dans les bouleaux : il vit de grains et d'insectes. C'est un oiseau de passage, dont les émigrations se font régulièrement chaque année dans les mois de mai et de septembre. Il est moins commun que la pie et le geai; en France même il est assez rare.

Oiseaux étrangers qui ont rapport au Rollier (pl. 23).

LE GRIVERT OU ROLLE DE CAYENNE. Il

Pl. 15.
Rollier de
Madagascar
Rollier
Grivert
Rollier
d'Abissinie.

Oiseau de
Paradis.
Le Magnifique
Manucode
Le Superbe
Sifilet
Pique bœuf

est plus petit que le rollier d'Europe ; son plumage gris et vert, lui a mérité le nom qu'il porte.

LE ROLLIER D'ABISSINIE. Il ressemble, par le plumage, au rollier d'Europe ; seulement les couleurs en sont plus vives : la pointe supérieure de son bec est très-crochue.

LE ROLLIER DE MADAGASCAR. La couleur dominante de son plumage est un brun-pourpre ; le bas-ventre et la queue sont d'un bleu clair : le bec est jaune.

L'OISEAU DE PARADIS (pl. 24).

Famille des Passereaux plénirostres, genre des Paradisiens.

Aucun oiseau n'a donné naissance à plus de fables que l'oiseau de paradis ; on a cru long-tems qu'il n'avait point de pieds, qu'il volait toujours, soit même en pondant et en couvant ses œufs, et enfin qu'il n'avait ni estomac, ni intestins, et qu'il vivait uniquement de rosée. L'usage où sont les chasseurs ou les marchands indiens d'arracher les cuisses et les entrailles de cet oiseau avant de le faire sécher pour le livrer au commerce, est la cause

de la première de ces erreurs, le autres en
sont les conséquences. La grande légèreté de
l'oiseau de paradis a encore servi à l'accré-
diter. Quoiqu'il soit à peine de la taille d'un
merle, la quantité de plumes légères qui le
couvrent, lui donnent la grosseur apparente
du pigeon. De ses flancs partent, de chaque
côté, quarante ou cinquante plumes très-
longues, formant une espèce de seconde
queue, qui recouvre la première. Au-dessus
de la queue véritable naissent deux longs filets
qui s'étendent plus d'un pied au-delà de la
fausse queue. Le plumage de l'oiseau de
paradis est orné des plus éclatantes couleurs,
et qui donnent différens reflets. Dans l'Inde,
les femmes se font une coiffure de ce bel
oiseau. On le recherche beaucoup dans les
cabinets d'Europe. Il se trouve aux Moluques
et dans la nouvelle Guinée.

Parmi les oiseaux qui appartiennent au
genre des paradisiens, on remarque le *manucode* ou *roi des oiseaux de paradis* (pl. 24),
dont les deux filets de la queue, plus courts
que ceux de l'oiseau de paradis, sont barbus
à leur extrémité et se roulent sur eux-mêmes;
le *magnifique de la nouvelle Guinée* ou le
manucode à bouquet (pl. 24), dont la gorge

est violette, les ailes noires et le reste du corps pourpre. Deux bouquets de plumes jaunâtres prennent naissance au bas de son cou et s'inclinent vers la queue ; le *sifilet* ou *manucode à six filets* (pl. 24) a la gorge dorée ; sa tête est d'un noir changeant en brun foncé ; tout le reste du corps est d'un brun presque noirâtre ; six filets d'un demi-pied de long et dirigés en arrière, prennent naissance de sa tête, et se terminent par des barbes noires.

Ces superbes oiseaux appartiennent tous aux climats les plus chauds de l'Asie.

LE PIQUE-BOEUF (pl. 24).

Famille des Passereaux conirostres.

Cet oiseau, du Sénégal, n'est guère plus gros qu'une chouette ; son plumage n'a rien de distingué ; en général le gris-brun domine sur la partie supérieure du corps, et le gris-jaunâtre sur la partie inférieure. Cet oiseau est très-friand de certains vers ou larves d'insectes, qui éclosent sous l'épiderme des bœufs et y vivent jusqu'à leur métamorphose. Il a l'habitude de se poser sur le dos de ces animaux et de leur entamer le cuir à coups de bec pour en tirer ces vers : c'est de là que lui vient son nom de pique-bœuf.

L'ÉTOURNEAU OU SANSONNET (pl. 5).

Famille des Passereaux conirostres.

Il est peu d'oiseaux aussi généralement connus que celui-ci, surtout dans un climat tempéré : car, outre qu'il passe toute l'année dans le canton qui l'a vu naître, sans jamais vouloir voyager au loin, la facilité qu'on trouve à le priver et à lui donner une sorte d'éducation, fait qu'on en nourrit beaucoup en cage.

Les merles sont de tous les oiseaux ceux avec qui l'étourneau a le plus de rapport; mais il en diffère par les reflets et les mouchetures de son plumage et par la conformation de son bec, plus obtus, plus plat et sans échancrure vers la pointe. Son plumage est noir, avec des reflets de rouge et de pourpre : il est ponctué de blanc.

Le tems des amours commence pour eux vers la fin de mars ; c'est alors que chaque paire s'assortit; mais ces unions si douces sont préparées par la guerre et décidées par la

Etourneau
Loriot
Kink
Troupiale
Carouge
Cassique

force. Les femelles n'ont pas le droit de faire un choix ; les mâles se les disputent à coups de bec. Bientôt après ils songent à pourvoir aux besoins de la future couvée, sans cependant y prendre beaucoup de peine, car souvent ils s'emparent d'un nid de pivert, comme le pivert s'empare quelquefois du leur. Lorsqu'ils veulent le construire eux-mêmes, toute sa façon consiste à amasser quelques feuilles sèches, quelques brins d'herbes et de mousse au fond d'un trou d'arbre ou de muraille ; c'est sur ce matelas, fait sans art, que la femelle dépose cinq ou six œufs d'un cendré verdâtre, et qu'elle couve dix-huit à vingt jours.

Les étourneaux vivent de limaces, de vermisseaux, de scarabées, surtout de ces jolis scarabées d'un beau vert bronzé luisant, qu'on trouve au mois de juin sur les roses ; ils se nourrissent aussi de blé, de millet et de chénevis, de cerises et de raisins. Ils suivent volontiers les bœufs et autre gros bétail paissant dans les prairies, attirés, dit-on, par les insectes qui voltigent autour d'eux. Ces oiseaux vivent sept ou huit ans, et même plus, dans l'état de domesticité.

Lorsque les étourneaux ont fini leur couvée,

ils se rassemblent en troupes nombreuses, qui volent d'une manière singulière; ils vont et viennent sans cesse, circulent et se croisent en tout sens, et forment une espèce de tourbillon fort agité. Cette manière de voler a ses avantages contre l'oiseau de proie, qui, se trouvant embarrassé par le nombre de ces faibles adversaires, inquiété par leurs battemens d'ailes, étourdi par leurs cris, déconcerté par leur ordre de bataille, enfin ne se jugeant pas assez fort pour enfoncer des lignes si serrées, que la peur concentre de plus en plus, se voit contraint fort souvent d'abandonner une si riche proie, sans avoir pu s'en approprier la moindre partie.

Mais, d'un autre côté, cette manière de voler des étourneaux, donne aux oiseleurs la facilité d'en prendre un grand nombre à la fois, en lâchant à la rencontre d'une de ces volées un ou deux oiseaux de la même espèce, ayant à chaque patte une ficelle engluée; ceux-ci ne manquent pas de se mêler dans la troupe, et, au moyen des allées et venues perpétuelles, d'en embarrasser un grand nombre dans la ficelle perfide, et de tomber bientôt avec eux aux pieds de l'oiseleur.

Un étourneau peut apprendre à parler indifféremment français, allemand, latin, grec, etc., et prononcer de suite des phrases un peu longues: son gosier souple se prête à toutes les inflexions et à tous les accens. Il articule franchement la lettre R, et soutient très-bien son nom de sansonnet ou plutôt chansonnet, par la douceur de son ramage acquis, beaucoup plus agréable que son ramage naturel.

Cet oiseau est très-répandu en Europe : on le trouve aussi au Cap de Bonne-Espérance.

LE TROUPIALE (pl. 25).

Famille des Passereaux conirostres, genre des Caciques.

Le troupiale a beaucoup de rapport avec l'étourneau ; ce qu'il y a de plus remarquable dans l'extérieur de cet oiseau, c'est son long bec pointu, échancré à la pointe, et dont la mandibule supérieure surpasse un peu l'inférieure, et la grande variété de son plumage : on n'y compte cependant que trois couleurs : le jaune orangé, le noir et le blanc ; mais ces couleurs semblent se multiplier par leurs interruptions réciproques et par l'art de leur

distribution. Cet oiseau a neuf ou dix pouces
de longueur, de la pointe du bec au bout de
la queue. Il est de la grosseur du merle ; il
sautille comme la pie et a beaucoup de ses
allures. Le troupiale est d'un naturel sociable
et susceptible d'éducation. On le trouve répandu depuis la Caroline jusqu'au Mexique
et dans les Antilles.

LES CACIQUES (pl. 25).

Famille des Passereaux conirostres.

Le cacique huppé de Cayenne, est l'une
des plus grandes espèces du genre des caciques ; il a environ dix-huit pouces de longueur,
son bec a deux pouces ; sa tête est ornée d'une
petite huppe qu'il hausse à volonté. Toute la
partie antérieure de cet oiseau, compris les
ailes et les pieds, est noire ; toute la partie
postérieure est marron foncé. Il vit d'insectes.
Toutes les espèces de caciques appartiennent
à l'Amérique.

LE CARROUGE (pl. 25).

Famille des Passereaux conirostres, genre des Caciques.

Le carrouge a le bec moins fort et est

moins gros que le troupiale. Les couleurs de son plumage sont : le brun rougeâtre sur la tête, le cou et la poitrine; le noir sur le dos, la queue et les ailes, à l'exception de quelques plumes des ailes et du croupion, qui sont blanches. Sa longueur totale est de sept pouces, celle de son bec est de dix lignes. On le trouve dans les Antilles. Ce oiseau habite les bois et chante agréablement.

LE KING (pl. 25) Est aussi une espèce de carrouge ; il a la tête, le cou, le commencement du dos et de la poitrine d'un gris-cendré : le reste du corps est blanc.

LE LORIOT (pl. 25).

Famille des Passereaux conirostres, genre des Caciques.

Le loriot est à-peu-près de la grosseur du merle ; le mâle est d'un beau jaune sur tout le corps, le cou et la tête, à l'exception d'un trait noir qui va de l'œil à l'angle de l'ouverture du bec ; les ailes sont noires, avec quelques taches jaunes à l'extrémité des grandes pennes ; la queue est aussi mi-partie de jaune et de noir. Il s'en faut bien que le plumage soit le même dans les deux sexes; presque tout ce qui est d'un noir décidé dans le mâle n'est que brun dans la femelle, avec une teinte verdâtre; et presque tout ce qui est d'un si beau jaune dans celui-là, est, dans celle-ci, olivâtre, ou jaune pâle, ou blanc. Ces oiseaux ont le bec rouge, rouge-brun, la langue fourchue et comme frangée.

Le loriot est un oiseau très-peu sédentaire qui change continuellement de contrées ; c'est vers le printemps qu'il arrive dans les nôtres, et c'est l'époque où le mâle et la femelle se recherchent. Ils font leur nid sur des arbres élevés avec beaucoup d'industrie, et la femelle y dépose quatre ou cinq œufs, dont le fond blanc sale est semé de quelques petites taches bien tranchées d'un brun presque noir ; elle les couve avec assiduité l'espace d'environ trois semaines, et lorsque les petits sont éclos, non-seulement elle leur continue ses soins affectionnés pendant très-long-temps, mais elle les défend contre leurs ennemis, même contre l'homme avec plus d'intrépidité qu'on n'en attend d'un si petit oiseau ; on a vu le père et la mère s'élancer courageusement sur ceux qui leur enlevaient leur couvée, et ce qui est encore plus rare, on a vu la mère prise avec

l'est
inte
si
ci,
aux
ur-

ire
est
es,
se
res
elle
ind
les
le
us
us,
af
lle
tre
en
la
pu
est
ec

Litorne
Grive
Draine
Rousserole
Mauvis

le nid continuer de couver en cage et mourir sur ses œufs.

Les loriots font la guerre aux insectes, mais leur nourriture de choix, ce sont les cerises, les figues, les baies de sorbier, les pois. Ils ne sont point faciles à élever ni à apprivoiser, on les prend à la pipée et avec diverses sortes filets.

LA GRIVE (pl. 26).

Famille des Passereaux crénirostres, genre des Merles.

La grive est un oiseau de passage ; elle est fort commune en certains cantons de la Bourgogne où les gens de la campagne la connaissent sous les noms de grivette et de mauviette ; elle semble être attirée par la maturité des raisins ; elle disparaît aux gelées et se remontre aux mois de mars et d'avril pour disparaître encore au mois de mai. Chemin faisant la troupe perd toujours quelque traineurs, qui s'arrêtent dans les forêts qui se trouvent sur leur passage pour faire leur ponte : c'est par cette raison qu'il reste toujours quelques grives dans nos bois. Elles s'apparient ordinairement sur la fin de l'hiver et forment des unions durables.

Tome I.

9

Elles ont coutume de faire deux pontes par an, la première est de cinq ou six œufs d'un bleu foncé, avec des taches noires. Le nombre d'œufs de la seconde ponte est moins grand.

Le plumage de la grive est d'une couleur rembrunie sur le dos, la partie inférieure du corps, plus claire, est *grivelée*, c'est-à-dire, marquée de mouchetures disposées avec une sorte de régularité : l'ouverture de sa bouche est accompagnée de cils, et sa queue est fourchue. Cet oiseau chante fort bien, surtout dans le printemps dont elle annonce le retour. Son ramage, qu'elle fait entendre du haut des grands arbres où elle se tient des heures entières, est très-varié. Ce sont cependant des oiseaux tristes et mélancoliques ; on ne les voit guère le jour, ni même s'ébattre ensemble, encore moins se plier à la domesticité. La grive est peu rusée et se prend facilement à la pipée ou au lacet, l'inégalité d'un vol oblique ou tortueux est presque le seul moyen qu'elle ait pour échapper au plomb des chasseurs et à la serre de l'oiseau carnassier. Sa chair est excellente. Les baies sont le fond de la nourriture des grives ; elles mangent aussi des vers et des insectes.

LA ROUSSEROLLE (pl. 26).

Famille des Passereaux crénirostres, genre des Merles.

On a donné à cet oiseau le nom de rossignol de rivière, parce que le mâle chante la nuit comme le jour, tandis que la femelle couve, et parce qu'il se plaît dans les endroits humides ; mais il s'en faut bien que son chant soit aussi agréable que celui du rosignol, quoiqu'il ait plus d'étendue ; il l'accompagne ordinairement d'une action très-vive et d'un trémoussement de tout son corps ; il grimpe le long des roseaux et des saules peu élevés comme font les grimpereaux, et il vit des insectes qu'il y trouve.

La rousserolle a toute la partie supérieure du corps d'un brun-roux, la partie inférieure d'un blanc sale avec quelques taches cendrées ; le bec noir, et les pieds plombés. On trouve cet oiseau dans les îles de l'embouchure de la Vistule ; il y en a aussi une petite espèce dans la Brie.

LA DRAINE (pl. 26).

Famille des Passereaux crénirostres, genre
des Merles.

Cet oiseau, qui est plus gros que la grive commune, a le dos roux, le col marqué de taches blanches et le bec jaunâtre ; il habite les forêts d'Europe et vit d'insectes et de graines. La draine mâle chante fort bien : se plaçant à la cime des arbres, elle fait entendre un ramage coupé par phrases différentes qui ne se succèdent jamais deux fois dans le même ordre : l'hiver on ne les entend plus.

Ces oiseaux sont tout-à-fait pacifiques : on ne les voit jamais se battre entr'eux ; ils sont encore plus méfians que les merles qui passent cependant pour l'être beaucoup ; la femelle se fait, dans les buissons, un nid de petites feuilles et de graminées, où elle dépose quatre œufs rougeâtres marqués de taches rouges. Sa chair est excellente.

LA LITORNE (pl. 26).

Famille des Passereaux crénirostres, genre
des Merles.

Cette espèce de grive, un peu moins grosse

que la litorne, diffère des trois espèces précédentes par son bec jaunâtre, par ses pieds d'un blanc foncé et par la couleur cendrée qui règne sur sa tête et sur son cou. Ces oiseaux qui nichent en Pologne, et dans la basse Autriche, arrivent dans notre pays vers le commencement de décembre. Ils aiment le séjour des prairies humides, et en général ils fréquentent beaucoup moins les bois que les deux espèces précédentes. Il n'est pas rare de voir les litornes se rassembler au nombre de deux ou trois mille dans les endroits où il y a des alises mûres. Quoique les grives ne se privent pas facilement, on raconte qu'une litorne ayant été élevée chez un marchand de vin, elle se rendit si familière qu'elle courait sur la table et allait boire du vin dans les verres; cet oiseau en but tant qu'il devint chauve; mais ayant été renfermé pendant un an dans une cage, il reprit ses plumes.

LE MAUVIS (pl. 26).

Famille des Passereaux crénirostres, genre des Merles.

Il ne faut pas confondre le mauvis avec les mauviettes qu'on sert sur les tables en hiver et qui ne sont autre chose que des alouettes ou d'autres petits oiseaux tout différents du mauvis. La chair de cette petite grive est la meilleure de toutes. On la reconnaît à ses plumes plus lustrées que celles des autres grives, à la couleur orangée du dessous de ses ailes, et à son cri, *tan, tan, kan, kan*. Elle est assez commune en Bourgogne.

LE MOQUEUR (pl. 27).

Famille des Passereaux crénirostres, genre des Merles.

Cet oiseau singulier forme une exception frappante à une observation générale faite sur les oiseaux du Nouveau-Monde. Presque tous les voyageurs s'accordent à dire qu'autant les couleurs de leurs plumages sont vives, riches, éclatantes, autant le son de leur voix est aigre, rauque, monotone, en un mot désagréable. Celui-ci est au contraire le chantre ailé le plus excellent de tout l'Univers, sans même en excepter le rossignol : car il charme comme lui par les accens flatteurs de son ramage, et de plus il amuse par le talent inné qu'il a de contrefaire celui des autres oiseaux ; et c'est de là que lui est venu le nom de moqueur ; cependant bien loin de rendre ridicules ces

Pl. 31.
Palmiste
Merle Huppé de la Chine
Merle Couleur de Rose
Moqueur
Moqueur français
Azurin
Grisin de Cayenne
Grisin de Cayenne
Merle a l'lastron blanc
Merle de Roche
Male
Femelle
Merle Vert
Merle bleu
Petit Merle huppé de la Chine
Merle
Vert doré

chants étrangers qu'il répète, il ne paraît les imiter que pour les embellir. Non-seulement le moqueur chante bien et avec goût, mais il chante avec action et d'une manière expressive ; il s'anime à sa propre voix, et l'accompagne par des mouvemens cadencés. Son prélude ordinaire est de s'élever d'abord peu à peu, les ailes étendues, de retomber ensuite, la tête en bas, au même point d'où il était parti ; et ce n'est qu'après avoir continué quelque temps ce bizarre exercice, qu'il met de l'accord entre ses mouvemens, ou si l'on veut sa danse, et les différens caractères de son chant. Exécute-t-il avec sa voix des roulemens vifs et légers, son vol décrit en même-temps dans l'air une multitude de cercles qui se croisent. Son gosier forme-t-il une cadence vive et brillante, il l'accompagne d'un battement d'aile également vif et précipité. Se livre-t-il à la volubilité des arpèges et des batteries, il les exécute une seconde fois par les bonds multipliés d'un vol inégal et sautillant. Donne-t-il essor à sa voix dans ces morceaux si expressifs où les sons, d'abord pleins et éclatans, se dégradent par nuances et semblent ensuite s'éteindre tout-à-fait et se perdre dans un silence qui a son charme comme la plus belle mélodie ; on le voit en même-temps planer moëlleusement au-dessus de son arbre , rallentir encore par degrés les ondulations imperceptibles de ses ailes , et rester enfin immobile et comme suspendu au milieu des airs.

Il s'en faut bien que le plumage de ce rossignol d'Amérique réponde à la beauté de son chant ; les couleurs en sont très-communes et n'ont ni éclat ni variété : le dessus du corps est gris-brun , plus ou moins foncé ; le dessus des ailes et de la queue est encore plus brun ; le dessous du corps est entièrement blanc. Sur sa tête est une espèce de couronne formée par un cercle blanc qui, en se prolongeant sur les yeux, lui dessine comme deux sourcils assez marqués.

Le moqueur est à-peu-près de la grosseur du mauvis. Il se trouve à la Caroline, à la Jamaïque et dans la Nouvelle Espagne ; il vit de cerises, de baies de cornouiller et même d'insectes. Il n'est pas facile de l'élever en cage, cependant on y parvient à force de soin ; au demeurant : c'est un oiseau assez familier et qui semble aimer l'homme.

LE MOQUEUR FRANÇAIS (pl. 27).

Celui-ci ressemble à la grive par les mou-

chetures de sa poitrine, sa grosseur est
moyenne entre celle de la draine et celle de
la litorne; son ramage a quelque variété, mais
il n'est pas comparable à celui des moqueurs
proprement dits. Il se nourrit de fruits d'une
sorte de cerisier noir. On le trouve à la Caroline et en Virginie.

LE MERLE (pl. 27).

Famille des Passereaux crénirostres.

Le mâle de cette espèce est encore plus
noir que le corbeau ; excepté le bec, le
tour des yeux, le talon, la plante du pied
qu'il a plus ou moins jaune, il est noir partout et dans tous les aspects. La femelle, au
contraire, n'a point de noir décidé dans son
plumage, mais différentes nuances de brun
mêlé de gris et de roux ; elle ne chante pas
non plus comme le mâle, et on la prendrait
pour un oiseau d'une autre espèce.

Les merles ne voyagent pas et ne vont pas
en troupes comme les grives ; ils sont moins
sauvages et s'apprivoisent aisément : ils passent pour être très-fins, parce qu'ayant la
vue perçante, ils découvrent les chasseurs de
fort loin ; mais, dans la vérité, ils sont plus

inquiets que rusés, plus peureux que défians. Lorsqu'ils sont renfermés avec d'autres oiseaux, leur inquiétude naturelle se change en pétulance; ils poursuivent, ils tourmentent continuellement leurs compagnons d'esclavage. On élève le merle en cage, non pour son chant naturel, qui n'est guère supportable qu'en pleine campagne; mais à cause de la facilité qu'il a de se perfectionner, de retenir les airs qu'on lui apprend; d'imiter différens bruits, différens sons d'instrumens, et même de contrefaire la voix humaine.

Ces oiseaux font leur première ponte sur la fin de l'hiver : elle est de cinq ou six œufs d'un vert bleuâtre, avec des taches couleur de rouille; il est rare que cette première ponte réussise, à cause de l'intempérie des saisons; mais la seconde va mieux, et n'est que de quatre à cinq œufs. Les merles placent ordinairement leurs nids dans les buissons ou sur les arbres de médiocre hauteur. Les merles sauvages se nourrissent de baies, de fruits et d'insectes. Ceux que l'on tient en cage, mangent de la viande cuite et hachée, du pain, etc; ils aiment beaucoup à se baigner; il ne faut pas leur épargner l'eau dans les volières. Leur chair est un fort bon manger.

On trouve dans les pays froids une variété de merles à plumage blanc.

LE MERLE A PLASTRON BLANC (pl. 27).

Cette espèce de merle a beaucoup de rapports avec le merle ordinaire; mais il s'en distingue par un plastron blanc qu'il porte au-dessus de la poitrine, et par le blanc dont son plumage est émaillé sur la poitrine, le ventre et les ailes. C'est un oiseau de passage.

LE MERLE COULEUR DE ROSE (pl. 27).

Le plumage du mâle est très-distingué ; il a la tête, le cou, les pennes des ailes et de la queue noires, avec des reflets brillans, qui jouent entre le vert et le pourpre. La poitrine, le ventre, le dos, le croupion et les petites couvertures des ailes d'une jolie couleur rose; outre cela, la tête a pour ornement une espèce de huppe qui se jette en arrière. Les couleurs de la femelle sont moins vives. Cet oiseau est aussi un oiseau de passage ; il est rare : on le trouve en Laponie et en Suisse.

LE MERLE DE ROCHE (pl. 27). Cet oiseau habite les rochers et les montagnes ; on le trouve sur celles du Bugey et dans les endroits les plus sauvages. Il est si défiant qu'il ne se

laisse jamais approcher, même à la portée
du fusil, et il ne se laisse attraper à aucune
sorte de piége. Il cache son nid avec le plus
grand soin, et l'établit dans les endroits les
plus inaccessibles des rochers ; ce n'est qu'a-
vec beaucoup de peine et de risques qu'on
peut monter jusqu'à leur couvée, et ils la
défendent avec courage contre les ravisseurs,
en tâchant de leur crever les yeux. A l'égard
du plumage, la tête et le cou sont d'une couleur cendrée ; la poitrine et le dessous du
corps sont orangés : le reste du plumage est
d'une couleur plus ou moins rembrunie. On
recherche cet oiseau bien moins pour le
manger, quoiqu'il soit un fort bon morceau,
que pour jouir de son chant, qui est doux,
varié, et fort approchant de celui de la fauvette ; il imite d'ailleurs facilement le ramage
des autres oiseaux et même notre musique.

LE MERLE BLEU (pl. 27). C'est un oiseau, que
l'on trouve en Italie, en Dalmatie, dans les
îles Illyriennes. Ses mœurs sont à-peu-près
les mêmes que celles du merle de roche. Son
plumage est d'un bleu cendré ; les pennes de
la queue sont noirâtres et celles de la queue
brunes.

Oiseaux étrangers qui ont rapport au Merle d'Europe (pl. 27).

LE MERLE HUPPÉ DE LA CHINE. Il est un peu plus gros que le merle. Son plumage est noirâtre, avec une teinte obscure de bleu ; au milieu des ailes est une tache blanche. Il a, comme notre merle, une grande facilité pour apprendre à siffler des airs et articuler des paroles.

LE VERT-DORÉ ou *Merle à longue queue du Sénégal.* La couleur générale de cet oiseau est d'un beau vert doré et éclatant, avec divers reflets. Sa queue est deux fois plus longue que son corps.

LE MERLE VERT D'ANGOLA. Sa grosseur est à peu près celle de notre merle. Son plumage est un mélange de bleu et de vert ; le violet règne sur la poitrine, et les couvertures inférieures de la queue sont d'un jaune olivâtre.

LE PALMISTE. L'habitude qu'a cet oiseau de se tenir et de nicher sur les palmiers lui a fait donner le nom de palmiste. Sa grosseur égale celle de l'alouette. Le dessus du corps est d'un beau vert-olive, le reste du plumage est gris

ou cendré, à l'exception d'une espèce de calotte noire qui couvre sa tête.

LE GRISIN DE CAYENNE (pl. 27).

*Famille des Passereaux crénirostres, genre
des Merles.*

Cet oiseau n'est pas plus gros qu'une fauvette. Le sommet de la tête est noirâtre ; la
gorge est noire ; tout le dessus du corps est
d'un gris cendré ; le dessous est blanc.

L'AZURIN (pl. 27).

*Famille des Passereaux crénirostres, genre
des Merles.*

Cet oiseau, auquel on a donné le nom de
merle de la Guyane, a trois larges bandes d'un
beau noir velouté, séparées par deux bandes
plus étroites d'un jaune orangé qui occupent
en entier le dessus et les côtés de la tête et du
cou; la gorge est d'un jaune pur, la poitrine est
décorée d'une grande plaque bleue, le dessus
du corps est brun rougeâtre.

Mainate
Brève de Madagascar
Brève des Philippines
Jaseur
Martin
Goulin
Bec croisé
Gros bec
Cardinal huppé

Pl. 28.
Beau Marquet.
Friquet
Grivelin
Moineau
Soulcie
Paroare

LA BRÈVE DES PHILIPPINES (pl. 28).

Famille des Passereaux crénirostres, genre des Merles.

Cet oiseau, qui est de la grosseur de notre merle, a la tête, le cou et la queue noirs ; le dessus du corps d'un vert foncé ; la poitrine et le haut du ventre d'un vert plus clair ; le bas-ventre couleur de rose.

LA BRÈVE DE MADAGASCAR (pl. 28). Elle a le dos et les ailes de la même couleur que la brève des Philippines, mais sa tête est brune ; la gorge est mêlée de blanc et de jaune, et le dessous du corps est d'un jaune brun.

LE MAINATE DES INDES ORIENTALES OU MAINATE RELIGIEUX (pl. 28).

Famille des Passereaux crénirostres, genre des Graculas.

Le mainate n'est guère plus gros qu'un merle ordinaire ; son plumage est noir partout. Ce que cet oiseau a de plus remarquable est une double crête jaune sur la tête. Le mainate a beaucoup de talent pour siffler,

pour chanter et pour parler ; il a même la
prononciation plus franche que le perroquet,
et il se plaît à exercer son talent jusqu'à l'im-
portunité.

LE MAINATE-GOULIN OU MERLE CHAUVE DES PHILIPPINES (pl. 28).

Le goulin appartient aux îles Philippines ;
il est de la grosseur de l'étourneau. Il a le bec,
les ailes, la queue et les pieds noirs ; le reste
du plumage est d'un gris argenté. Il niche
ordinairement dans les trous d'arbres, surtout
dans le cocotier ; il vit de fruits et est très-
vorace.

LE MARTIN OU GRYLLIVORE (pl. 28).

*Famille des Passereaux crénirostres, genre
des Graculas.*

Cet oiseau est un destructeur d'insectes, et
d'autant plus grand destructeur, qu'il est d'un
appétit très glouton : il donne la chasse aux
mouches, aux papillons, aux scarabées ; il va,
comme nos corneilles et nos pies, chercher
dans le poil des chevaux, des bœufs et des
cochons, la vermine qui les tourmente quel-

quefois jusqu'à leur causer la maigreur et la
mort : ces animaux qui se trouvent soulagés,
souffrent volontiers leurs libérateurs sur leur
dos, et souvent au nombre de dix à douze à
la fois ; mais il ne faut pas qu'ils ayent le cuir
entamé par quelque plaie, car les martins qui
s'accommodent de tout, becqueteraient la
chair vive et leur feraient beaucoup plus de
mal que toute la vermine dont ils les débarras-
sent : ce sont, à dire vrai, des oiseaux carnassiers, mais qui sachant mesurer leurs forces
ne veulent qu'une proie faible, et n'attaquent
de front que des animaux petits et faibles. On a
vu avec un de ces oiseaux qui était encore jeune
saisir un rat long de deux pouces, non compris la queue, le battre sans relâche contre le
plancher de sa cage, lui briser les os, et
réduire tous ses membres à l'état de souplesse
et de flexibilité qui convenait à ses vues, puis
le prendre par la tête et l'avaler presqu'en un
instant ; il en fut quitte pour une espèce d'in-
digestion qui ne dura qu'un quart-d'heure pendant lequel il eut les ailes traînantes et l'air
souffrant ; mais ce mauvais quart-d'heure
passé, il courait par la maison avec sa gaîté
ordinaire ; et, environ une heure après, ayant
trouvé un autre rat, il l'avala comme le pre-

premier et avec aussi peu d'inconvénient.

Les sauterelles sont encore une des proies favorites du martin; il en détruit beaucoup. Le célèbre Poivre intendant de l'île de Bourbon, voyant cette île désolée par les sauterelles, tira de l'Inde quelques paires de martins dans l'intention de les multiplier et de les opposer à ces redoutables ennemis. Ce plan commençait à avoir du succès : les sauerelles diminuaient, lorsque les Colons, aya nt vu ces oiseaux fouiller avec avidité dan s les terres nouvellement ensemencées pour chercher des vers ou d'autres insectes nuisibles, s'imaginèrent qu'ils eu voulaient au grain; ils prirent l'alarme, la répandirent dans toute l'île; le martin dénoncé comme un animal nuisible, fut proscrit par le conseil, et vingt-quatre heures après il n'en restait plus une seule paire dans l'île. Cette prompte exécution fut suivie d'un prompt repentir : les sauterelles s'étant multipliées sans obstacle, causèrent de nouveaux dégâts, et les martins furent regrettés comme la seule digue qu'on pût opposer au fléau des sauterelles. L'intendant se prêtant aux idées du peuple, fit venir quatre de ces oiseaux huit ans après leur proscription; ceux-ci furent reçus avec des transports de

joie; on fit une affaire d'état de leur conservation et de leur multiplication; on les mit
sous la protection des lois, et les médecins
décidèrent que leur chair était une nourriture
malsaine. Ces moyens eurent un prompt succès : les martins, depuis cette époque, se
sont prodigieusement multipliés et ont détruit
les sauterelles; mais de cette destruction même
il est résulté un nouvel inconvénient, car ce
fond de subsistance leur ayant manqué tout
d'un coup, et le nombre des oiseaux aug-
mentant toujours, ils ont été contraints de se
jeter sur les fruits ; ils en sont venus même à
déplanter les blés, les riz, les fèves, et à
pénétrer jusque dans les colombiers pour y
tuer les jeunes pigeons et en faire leur proie;
de sorte qu'ils sont devenus eux-mêmes un
fléau plus redoutable et plus difficile à extirper
que les sauterelles.

Ces oiseaux ne sont pas fort peureux, et les
coups de fusil les écartent à peine ; ils adop-
tent ordinairement certains arbres ou certaines
allées d'arbres pour y passer la nuit, et ils y
tombent le soir par nuées si prodigieuses, que
les branches en sont entièrement couvertes et
qu'on n'en voit plus les feuilles. Lorsqu'ils sont
ainsi rassemblés ils se mettent à babiller tous

à la fois et d'une manière très-incommode pour les voisins. Ils ont cependant un ramage naturel fort agréable très-varié et très-étendu.

Les femelles pondent quatre œufs à chaque couvée. Ces oiseaux sont fort attachés à leurs petits ; si on entreprend de les leur enlever, ils voltigent çà et là en faisant entendre une espèce de croassement qui est chez eux le cri de la colère, puis ils fondent sur le ravisseur à coups de bec ; et si leurs efforts sont inutiles, ils ne se rebutent point pour cela , mais ils suivent de l'œil leur géniture, et si on la place sur une fenêtre , ou dans quelque lieu ouvert, ils se chargent l'un et l'autre de lui apporter à manger, sans que la vue de l'homme puisse les détourner de cette intéressante fonction.

Les jeunes martins s'apprivoisent fort vite; ils apprennent facilement à parler ; tenus dans une basse-cour, ils contrefont d'eux-mêmes les cris de tous les animaux domestiques, poules, coqs, oies, petits chiens, moutons, etc., et ils accompagnent leur babil de certains accens et de certains gestes qui sont remplis de gentillesse.

Ces oiseaux sont un peu plus gros que les merles ; ils ont le bec et les pieds jaunes, la tête et le cou noirâtres, le bas de la poitrine et tout le dessus du cops d'un brun marron , et le ventre blanc.

LE JASEUR (pl. 28).

Famille des Passereaux crénirostres , genre des Cottingas.

Les jaseurs ne sont pas des oiseaux sédentaires; ils font des excursions dans toute l'Europe ; ils se montrent quelquefois au nord de l'Angleterre, en Allemagne, souvent en Italie , plus rarement en France ; leurs migrations n'arrivent guères que tous les trois ou quatre ans et même tous les six ou sept ans ; mais ils voyagent en si grand nombre que le ciel en est obscurci. Ils se mettent en marche au commencement de l'automne. Les apparitions de cet oiseau passent, on ne sait trop pourquoi, dans l'esprit des peuples pour annoncer la guerre, la peste, ou d'autres malheurs ; cependant il faut excepter de ces malheurs au moins , les tremblemens de terre , car dans l'apparition de 1551, on remarqua que les jaseurs qui se répandirent dans presque toutes les parties de l'Italie évitèrent constamment d'entrer dans le Ferrarois, comme s'ils eussent pressenti le tremblement de terre qui s'y fit sentir peu de temps après, et qui mit en fuite les oiseaux mêmes du pays.

Le jaseur se nourrit de raisins, d'amandes, de figues et de plusieurs espèces de baies. Son ramage est assez agréable. Sa tête, son dos, son cou et sa poitrine sont d'une couleur vineuse ; sa queue est cendrée à son origine et jaune à son extrémité. Le bec et les pieds sont noirs.

LE GROS-BEC (pl. 28).

Famille des Passereaux crénirostres, genre des Loxias.

Le gros-bec habite la plus grande partie de l'Europe. L'espèce, quoique assez sédentaire, n'est pas nombreuse. Son bec court et robuste lui mérite bien le nom qu'il porte ; son corps est brun avec une tache blanche sur les ailes. Sa femelle niche sur l'enfourchement d'un arbre près du tronc. Le gros-bec se nourrit du noyau des fruits, principalement de celui des cerises qu'il casse avec facilité. Il est sauvage, solitaire, silencieux et n'a ni chant ni même aucun ramage décidé ; il paraît avoir le sens de l'ouïe peu délicat. Il faut les tenir dans une cage particulière, car si on les élève dans une volière, ils tuent les oiseaux plus faibles qu'eux, non en les frappant de la pointe du bec, mais en pinçant la peau et emportant la pièce.

LE BEC-CROISÉ (pl. 28).

Famille des Passereaux crénirostres, genre des Loxias.

L'espèce du bec-croisé, très-voisine de celle du gros-bec, appartient au même genre. Ce sont des oiseaux de même grandeur, de même figure, ayant tous deux le même naturel ; mais elle en diffère par la disposition singulière de son bec dont les mandibules longues et recourbées se croisent, de manière que l'oiseau ne peut ni becqueter ni prendre des petits grains, ni saisir sa nourriture autrement que de côté ; mais, d'un autre côté, ce bec difforme paraît fait exprès pour détacher et enlever les écailles des pommes de pin et tirer la graine qui s'y trouve placée sous chaque écaille ; c'est de ces graines que l'oiseau fait sa principale nourriture. Ce bec crochu est encore utile à l'oiseau pour grimper ; on le voit s'en servir avec adresse lorsqu'il est en cage pour monter jusqu'au haut du juchoir.

Le bec-croisé n'habite que les climats froids, ou les montagnes dans les pays tempérés. On le trouve en Suède, en Pologne, en Allemagne, dans nos Alpes, et dans nos Pyrénées. Sa couleur varie selon les saisons, les climats, et ses habitudes. La femelle et les petits sont ordinairement d'un vert tirant sur l'olivâtre. Le mâle adulte est rougeâtre et ombré de brun, blanchâtre vers le croupion ; la queue est un peu fourchue et roussâtre ; les pieds sont noirs. Ces oiseau stupide est aussi peu agile que peu méfiant ; on l'approche aisément ; on le tire sans qu'il fuie ; on le prend quelquefois à la main. Il supporte aisément la captivité et vit long-temps en cage où on le nourrit avec du chénevis écrasé.

LE CARDINAL HUPPÉ (pl. 28).

Famille des Passereaux crénirostres, genre des Moineaux.

Cet oiseau est d'un beau rouge, avec un chaperon noir ; il a aussi une crête rouge et pointue quand elle se relève. Ce bel oiseau qu'on apporte souvent en Europe, est hardi, fort et vigoureux ; il se trouve dans l'Amérique septentrionale. Il chante agréablement pendant l'été, s'apprivoise aisément et vit de graines et d'insectes. Le *grivelin à cravatte*, (pl. 28), est une espèce exotique du même genre ; il vient d'Angola : on le reconnaît à l'espèce de cravatte blonde qui entoure son cou et le dessous de sa gorge.

LE MOINEAU (pl. 29).

Famille des Passereaux crénirostres.

Le moineau est répandu dans toute l'Europe ; mais dans quelque contrée qu'il habite, on ne le trouve jamais dans les lieux déserts, ni même dans ceux éloignés du séjour de l'homme. Les moineaux sont comme les rats, attachés au séjour de nos habitations ; ils ne se plaisent ni dans les bois ni dans les vastes campagnes ; on a même remarqué qu'il y en a plus dans les villes que dans les villages, et qu'on n'en voit point dans les hameaux et dans les fermes qui sont au milieu des forêts : ils suivent la société pour vivre à ses dépens : comme ils sont paresseux et gourmands, c'est sur des provisions toutes faites, c'est-à-dire sur le bien d'autrui qu'ils prennent leur subsistance ; nos granges, nos greniers, nos basses-cours, nos colombiers, tous les lieux en un mot où nous rassemblons ou distribuons des grains , sont les lieux qu'ils fréquentent de préférence ; et comme ils sont aussi voraces que nombreux , ils ne laissent pas de faire plus de tort que leur espèce ne vaut ; car leur plume ne sert à rien , leur chair n'est pas bonne à manger , leur voix blesse l'oreille , leur familiarité est incommode , leur pétulance grossière est à charge ; ce sont des gens que l'on trouve partout et dont on n'a que faire , si propres à donner de l'humeur , que dans certains endroits on les a frappés de proscription en mettant leur tête à prix.

Et ce qui les rendra éternellement incommodes , c'est non-seulement leur très-nombreuse multiplication , mais encore leur défiance , leur finesse , leurs ruses et leur opiniâtreté à ne pas désemparer les lieux qui leur conviennent. Ils sont fins , peu craintifs , difficiles à tromper ; ils reconnaissent aisément les piéges qu'on leur tend ; ils impatientent ceux qui veulent se donner la peine de les prendre. Il faut pour cela tendre un filet d'avance , et attendre plusieurs heures , souvent en vain , et il n'y a guère que dans les saisons de disette et dans les temps de neige où cette chasse puisse avoir des succès ; ce qui néanmoins ne peut faire une diminution sensible sur une espèce qui multiplie trois fois par an. Leur nid est composé de foin en dehors et de plumes en dedans. Si vous le détruisez, en vingt-quatre heures ils en font un autre ; si vous jetez leurs œufs, qui sont communément au nombre de cinq ou six, souvent davantage, huit ou dix jours après ils en pondent de nouveaux ; si vous les tirez sur les arbres ou sur les toits, ils ne s'en recèlent que mieux dans vos greniers. Il faut à-peu-près vingt livres de blé par an pour nourrir une couple de moineaux ; que l'on juge, par leur nombre, de la déprédation que ces oiseaux font de nos grains ; car, quoiqu'ils nourrissent leurs petits d'insectes dans le premier âge, et qu'ils en mangent eux-mêmes une assez grande quantité, leur principale nourriture est notre meilleur grain. Ils suivent le laboureur dans le temps des semailles, les moissonneurs pendant celui de la récolte, les batteurs en grange, la fermière, lorsqu'elle jette le grain à ses volailles ; ils le cherchent dans les colombiers et jusque dans le jabot des jeunes pigeons, qu'ils percent pour l'en tirer; ils mangent aussi les mouches à miel, et détruisent ainsi, de préférence, les seuls insectes qui nous soient utiles ; enfin , ils sont si malfaisans , si incommodes , qu'il serait à désirer que l'on trouvât quelque moyen de les détruire.

Comme ces oiseaux sont robustes , on les élève facilement dans les cages ; ils y vivent plusieurs années ; lorsqu'ils sont pris jeunes , ils ont assez de docilité pour obéir à la voix , s'instruire et retenir quelque chose du chant des oiseaux auprès desquels on les met ; naturellement familiers , ils le deviennent encore davantage dans la captivité : cependant , ce naturel familier ne les porte pas à vivre ensemble : dans l'état de liberté ils sont assez solitaires.

Ces oiseaux nichent ordinairement sous les toits , dans les créneaux , dans les trous de murailles , ou dans des pots qu'on leur offre ; souvent aussi dans les puits et sur les tablettes des fenêtres , dont les vitrages sont défendus par des persiennes à claire-voie : néanmoins il y en a quelques-uns qui font leur nid sur le sommet des grands arbres ; ce qu'il y a de plus singulier , c'est qu'alors ils y ajoutent une espèce de calotte par-dessus , qui couvre le nid , en sorte que l'eau de la pluie ne peut y pénétrer, tandis que quand ils établissent leur nid dans des trous ou dans des lieux couverts, ils se dispensent, avec raison, de faire cette calotte, qui devient inutile. L'instinct se manifeste donc ici par un sentiment presque raisonné ; il se trouve aussi des moineaux plus paresseux, mais en même-temps plus hardis que les autres, qui ne se donnent pas la peine de construire un nid, et qui chassent du leur les hirondelles à cul blanc ; quelquefois ils battent les pigeons, les font sortir de leur boulin, et s'y établissent à leur place.

LE FRIQUET (pl. 29).

Famille des Passereaux conirostres, genre des Moineaux.

On ne doit point confondre le friquet avec le moineau ; quoiqu'habitant les mêmes climats, leurs habitudes sont toutes différentes. Le friquet se tient à la campagne, fréquente les bords des chemins, se tient sur les arbres et les plantes basses ; établit son nid dans des crevasses, dans des trous à peu de distance de la terre ; il marche mieux que le moineau, et est un peu plus petit ; il a les rémiges et rectrices rousses ; le corps est d'un gris noirâtre ; il a deux bandes blanches sur les ailes, et les pieds jaunâtres.

Le friquet, quoique plus remuant, est cependant moins pétulant, moins familier, moins gourmand que le moineau; c'est un oiseau plus innocent, qui ne fait pas grand tort aux grains; il préfère les graines sauvages, telles que celles des chardons; il mange aussi des insectes; il fuit le séjour et la rencontre du moineau, qui est plus fort et plus méchant que lui. On peut l'élever en cage et l'y nourrir comme le chardonneret; il y vit cinq ou six ans. Son chant est assez peu de chose, mais tout différent de la voix désagréable du moineau. On a observé que, quoique plus doux que le moineau, il est cependant plus sauvage et moins docile.

On trouve sur la côte d'Afrique un très-joli oiseau, d'une espèce très-voisine de celle du friquet: on l'appelle le *beau Marquet* (pl. 29).

LA SOULCIE OU MOINEAU DES BOIS (pl. 29).

Famille des Passereaux conirostres, genre des Moineaux.

Cet oiseau, que l'on confond avec le friquet et le moineau, en diffère par son bec plus fort, plutôt rouge que noir; il est d'ailleurs plus grand, et ne se plaît que dans les

Cabaret
Serin
Linotte
Sénégali
Maia
Autre Maia
Bengali piqueté
Pinson des Ardennes
Pinson

bois, c'est ce qui lui a fait donner le nom de moineau des bois. Il vit, non-seulement de graines de toute espèce, mais encore de vers, de mouches et d'autres insectes; ils aiment la société de leurs semblables, et les appellent dès qu'ils trouvent abondance de nourriture; et, comme ils sont presque toujours en grande bande, ils ne laissent pas de faire beaucoup de tort dans les terres nouvellement ensemencées.

LE PAROARE (pl. 29), appartient à une espèce voisine de la soulcie; c'est un bel oiseau des contrées méridionales de l'Amérique : on l'appelle aussi le *Cardinal dominicain*. Il est noir, avec la tête et le gosier rouge ; la poitrine et l'abdomen sont blancs.

LE SERIN DES CANARIES (pl. 3o).

Famille des Passereaux conirostres , genre des Moineaux.

Si le rossignol est le chantre des bois, le serin est le musicien de la chambre. Le premier tient tout de la nature, le second participe à nos arts. Avec moins de force d'organe, moins d'étendue dans la voix, moins de variété dans les sons, le serin a plus d'oreille, plus de fa-

cilité d'imitation, plus de mémoire; et comme
la différence de caractère (surtout dans les animaux) tient de très-près à celle qui se trouve
entre leurs sens, les serins, dont l'âme est plus
attentive, plus susceptible de recevoir et de conserver les impressions étrangères, devient aussi
plus sociable, plus doux, plus familier; il est
capable de reconnaissance et même d'attachement; ses caresses sont aimables, ses petits
dépits innocens, et sa colère ne blesse ni n'of-
fense. Ses habitudes naturelles le rapprochent
encore de nous; il se nourrit de grains comme
nos autres oiseaux domestiques; on l'élève
plus aisément que le rossignol, qui ne vit que
de chair et d'insectes, et qu'on ne peut nourrir
que de mets préparés. Son éducation, bien
plus facile, est aussi plus heureuse; on l'élève
avec plaisir, parce qu'on l'instruit avec succès;
il quitte la mélodie de son chant naturel pour
se prêter à l'harmonie de nos voix et de nos
instrumens; il applaudit, il accompagne et
nous rend au-delà de ce qu'on peut lui donner.
Le rossignol, plus fier de son talent, semble
vouloir le conserver dans toute sa pureté;
au moins paraît-il faire assez peu de cas des
nôtres; ce n'est qu'avec peine qu'on lui apprend à répéter quelques-unes de nos chan-

sons. Le serin peut parler et siffler ; le rossignol méprise la parole autant que le sifflet , et revient sans cesse à son brillant ramage. Son gosier , toujours nouveau , est un chef-d'œuvre de la nature , auquel l'art humain ne peut rien changer , rien ajouter ; celui du serin est un modèle de grâces d'une trempe moins ferme , que nous pouvons modifier. L'un a donc bien plus de part que l'autre aux agrémens de la société ; le serin chante en tout temps ; il nous récrée dans les jours les plus sombres ; il contribue même à notre bonheur, car il fait l'amusement de toutes les jeunes personnes ; il charme les ennuis de la solitude, et porte la gaîté dans les âmes innocentes.

C'est dans le climat heureux des Hespérides (1) que cet oiseau charmant semble avoir pris naissance, ou du moins avoir acquis toutes ses perfections : car nous connoissons en Italie une espèce de serins plus petite que celle des Canaries et en Provence une autre espèce presqu'aussi grande ; toutes deux plus agrestes et

---

(1) Les îles Canaries ou Fortunées ; elles sont situées dans l'Océan atlantique.

qu'on peut regarder comme les tiges sauvages d'une race civilisée.

Ces trois variétés de serins diffèrent entre elles par plusieurs caractères.

Le *venturon* ou *serin d'Italie* a un chant
agréable et varié. La femelle est inférieure
au mâle par le chant et le plumage. La forme,
la couleur, la voix et la nourriture du venturon et du canari sont-à-peu près les mêmes,
à la différence seulement que le venturon est
plus petit, et que son chant n'est ni si beau,
ni si clair.

Le serin vert de Provence se nomme
Cini ou *Cigni ;* plus grand il a aussi la voix bien
plus grande ; il est remarquable par ses belles
couleurs, par la force de son chant, et par
la variété des sons qu'il fait entendre. La femelle, un peu plus grosse que le mâle, ne
chante pas comme lui : il se nourrit des plus
petites graines qu'il trouve à la campagne ; il
vit long-temps en captivité ; et semble se
plaire à côté du chardonneret ; il paraît l'é-
couter et en emprunter des accens qu'il em-
ploie agréablement pour varier son ramage.
La couleur dominante du cini, est d'un vert-
jaune sur le dessus du corps, et d'un jaune-
vert sur le ventre. Il diffère encore du ven-

turon par une couleur brune qui se trouve par taches longitudinales sur les côtés de son corps, et par ondes en dessus.

Le canari ou serin des îles Canaries forme la troisième race des serins : sa couleur ordinaire dans notre climat est uniforme et d'un jaune-citron sur tout le corps ; ce n'est cependant qu'à leur extrémité que les plumes sont teintes de cette belle couleur, elles sont blanches dans tout le reste de leur étendue. La femelle est d'un jaune plus pâle que le mâle. Mais dans les îles Canaries ce serin n'est pas jaune, il est gris comme une linotte ; et ce n'est que par suite de l'influence du climat, qu'il devient jaune en France.

Le mélange de ces trois races a produit une multitude de variétés, toutes assez reconnoissables, dont la plus belle est celle de serin à huppe ou à couronne. La serine de Canarie peut produire avec le tarin et le chardonneret. Les individus métis qui proviennent de ces unions forment encore d'autres variétés. Les serins sont naturellement gais, doux et sociables ; leur naturel heureux et suceptible de toutes les bonnes impressions est doué des meilleures inclinations : ils récréent sans cesse leur femelle par leur chant ; ils la soulagent dans la pénible assiduité de couver ; ils l'invitent à changer de situation , à leur céder la place; ils couvent eux-mêmes , tous les jours pendant quelques heures ; ils nourrissent aussi leurs petits , et enfin ils apprennent tout ce qu'on veut leur montrer. Au reste , on trouve quelquefois des exceptions à ce caractère aimable : il y a des mâles d'un tempérament toujours triste, rêveurs pour ainsi dire , et presque toujours bouffis , chantant rarement et ne chantant que d'un ton lugubre. ... qui sont des temps infinis à apprendre et ne savent jamais que très-imparfaitement ce qu'on leur a montré; et le peu qu'ils savent , ils l'oublient aisément..... Il y a d'autres serins qui sont si mauvais , qu'ils tuent la femelle qu'on leur donne , et il n'y a d'autre moyen de les dompter, qu'en leur en donnant deux; elles se réuniront pour leur défense commune, et l'ayant d'abord vaincu par la force , elles le vaincront ensuite par la douceur. Il y en a d'autres qui cassent et brisent les œufs lorsque la femelle les a pondus , ou si ces pères dénaturés les laissent couver, à peine sont-ils éclos , qu'ils saisissent les petits avec le bec , les traînent dans la cabane et les tuent. D'autres qui sont sauvages , farouches , indépendans, qui ne veulent être ni touchés, ni caressés, et pour peu qu'on se mêle de leur ménage, ils refusent de produire. Il y en a d'autres enfin qui sont très-paresseux ; il faut que celui qui les soigne, fasse leur nid pour eux.

On donne aux serins, pour faire leurs nids, de la charpie de linge fin, de la bourre hachée, de la mousse et du petit foin sec et très-menu. La nourriture qui convient le plus aux serins, tant qu'ils n'ont que des œufs, est un mélange de trois parties de navette avec deux d'avoine, deux de millet et une de chénevis ; mais la veille du jour où les petits doivent éclore, on place dans la cage un échaudé sec et pétri sans sel ; après quoi on leur donnera des œufs cuits-durs ; un seul œuf doit suffire pour deux mâles et quatre femelles. On ne leur donnera ni salade, ni verdure pendant qu'ils nourrissent : cela affoiblirait beaucoup les petits ; mais pour varier un peu leurs alimens et les réjouir, on leur donne tous les trois jours un morceau de pain blanc, trempé dans l'eau et pressé dans la main : enfin on fera bien de leur fournir dans le même temps quelques graines d'alpiste, et seulement tous les deux jours, crainte de les trop échauffer;

le biscuit sucré produit ordinairemet cet effet, qui est suivi d'un autre encore plus préjudiciable ; c'est qu'étant nourris de biscuit, ils font souvent des œufs clairs , ou des petits faibles et délicats. Après leur ponte, il faut leur donner du plantain, de la graine de laitue pour les purger; mais il faut en même temps leur ôter tous les jeunes oiseaux qui s'affoibliraient par cette nourriture, qu'on ne doit fournir que pendant deux jours aux père et mère. Quand on veut élever des serins à la brochette, il faut les ôter à leur mère dès le huitième jour ; on les enlèvera avec le nid et on ne lui laissera que le panier. On préparera pour leur nourriture une pâtée , composée de navette bouillie , d'un jaune d'œuf et de mie d'échaudé, mêlée et pétrie avec un peu d'eau , dont on leur donnera des becquées toutes les deux heures; il ne faut pas que cette pâtée soit trop liquide et l'on doit, crainte qu'elle ne s'aigrisse , la renouveler chaque jour , jusqu'à ce que les petits mangent seuls.

Communément les femelles font par an trois pontes de quatre, cinq , six et quelquefois sept œufs, et le temps de l'incubation est de treize jours.

Dans les jeunes serins, la femelle ressemble

quelquefois si fort au mâle qu'il n'est pas aisé
de les distinguer au premier coup-d'œil ; cependant le mâle a toujours les couleurs plus
fortes que la femelle ; la tête un peu plus
grosse et plus longue, les tempes d'un jaune
plus orangé, et sous le bec une espèce de
flamme jaune qui descend plus bas que sous
le bec de la femelle ; il a aussi les jambes
plus longues ; enfin il commence à gazouiller
dès qu'il mange seul.

LA LINOTTE (pl. 30).

*Famille des Passereaux conirostres, genre
des Moineaux*

Il est peu d'oiseaux aussi communs que la
linotte ; mais il en est encore moins qui réunissent autant de qualités : ramage agréable,
couleurs distinguées, naturel docile et susceptible d'attachement. La linotte est de la grosseur du serin ; chez le mâle le dessus de la
tête est rouge ainsi que la gorge ; les premières
rémiges sont noires avec une tache blanche
de chaque côté ; le dessus du corps est couleur de marron, le dessous d'un blanc roussâtre. La femelle n'a point de rouge sur la tête et
sur a gorge, et son plumage est plus varié sur

le dos. Cet oiseau fait souvent son nid dans les vignes : c'est de là que lui vient son nom de *linotte des vignes* : quelquefois elle le pose à terre, mais plus fréquemment, elle l'attache entre deux perches ou au cep même. Celle-ci dépose six œufs d'un blanc sale, tachetés de rouge au gros bout. Lorsque les couvées sont finies et la famille élevée, les linottes vont par troupes nombreuses et continuent de vivre ensemble tout l'hiver; elles volent très-serrées, s'abattent et s'élèvent toutes ensemble, se posent sur les mêmes arbres, et, vers le commencement du printemps, on les entend chanter toutes ensemble. Elles vivent de toutes sortes de petites graines, notamment de celles de chardons.

Le chant naturel de la linotte est expressif et agréable. On est parvenu à lui apprendre à parler diverses langues, c'est-à-dire, à siffler quelques mots italiens, français, anglais, etc., et quelquefois même à les prononcer assez franchement. Avec un flageolet ou une serinette, on leur apprendra les airs que l'on voudra. Les femelles ne chantent ni n'apprennent à chanter; les mâles adultes, pris au filet ou autrement, ne profiteraient point non plus des leçons qu'on pourrait leur donner;

passent, d'années à autres, en très-grandes
troupes : le temps de leur passage est l'hiver ;
souvent ils s'en retournent au bout de huit à
dix jours ; quelquefois ils restent jusqu'au printemps. Le chant de cet oiseau est peu agréable ; cependant, si on le tient à portée d'un
autre oiseau, dont le ramage est agréable, le
sien s'adoucit, se perfectionne et devient
semblable à celui qu'il a entendu.

LES VEUVES.

Famille des Passereaux conirostres, genre des Moineaux.

On a donné le nom de veuves à plusieurs
oiseaux d'Afrique, qui approchent, par la
beauté de leur plumage, de l'oiseau de paradis ; ces oiseaux ont, comme lui, des rectrices qui surpassent les autres en longueur ;
ils sont sujets à deux mues par an, dont l'in-
tervalle, qui répond à la saison des pluies, est
de six à huit mois, pendant lesquels les mâles
sont privés, non-seulement de leurs longues
queues, mais encore de leurs belles couleurs
et de leur joli ramage. Les veuves font leur
nid avec du coton ; ce nid a deux étages ; le

Tome I.   11

mâle habite l'étage supérieur, et la femelle couve au rez-de-chaussée.

Parm i les espèces de veuves, on distingue : la GRANDE VEUVE (pl. 31) ; son plumage est noirâtre sur le dos, et blanchâtre en-dessous ; son bec est d'une belle couleur rouge ; deux bandes transversales, l'une blanche, l'autre bleuâtre, ornent ses ailes ; les quatre plumes qui forment sa longue queue sont noires.

LA VEUVE A QUATRE BRINS (pl. 31), a le bec et les pieds rouges, la tête, tout le dessus du corps noirs ; la gorge, la poitrine et toute la partie inférieure de couleur aurore. Cette veuve est peu plus petite que le serin.

On connaît encore la *veuve à collier*, la *veuve dominicaine*, la *veuve à épaulettes*, la *veuve mouchetée*, la *veuve en feu*, etc.

LE GRENADIN OU PINÇON ROUGE ET BRUN DU BRÉSIL (pl. 31).

Famille des Passereaux conirostres, genre des Moineaux.

Le plumage de cet oiseau est d'un violet-bleu sur la partie postérieure du corps, tant dessus que dessous ; la gorge et la queue sont noires ; les pennes des ailes d'un gris-brun ; tout le reste du plumage est mordoré, mais sur le dos il est varié de brun verdâtre. Cet oiseau se trouve au Brésil ; il a les mouvemens vifs et le chant agréable : sa longueur totale est de cinq pouces et un quart.

LE VERDIER (pl. 31).

Famille des Passereaux conirostres, genre des Loxias.

Le nom de cet oiseau indique assez quelle est la couleur de son plumage ; mais ce n'est pas un vert pur ; il est ombré de gris-brun sur la partie supérieure du corps et sur les flancs, et il est mêlé de jaune sur la gorge et la poitrine ; le jaune domine sur le haut du ventre, les couvertures inférieures de la queue et des ailes et sur le croupion ; les grandes pennes de l'aile et les pennes latérales de la queue sont noirâtres. La femelle a plus de brun, et son ventre est presque entièrement blanc.

Le verdier passe l'hiver dans les bois, où il se met à l'abri des intempéries de la mauvaise saison sur les arbres toujours verts, et même sur les charmes et les chênes touffus, qui conservent encore leurs feuilles, quoique desséchées. Au printemps il fait son nid sur ces mêmes arbres, et quelquefois dans les buissons ; ce nid est plus grand et presque aussi bien fait que celui du pinson. L'oiseau sait pratiquer tout autour un petit magasin pour les provisions. La femelle pond cinq ou six œufs verdâtres, tachetés de rouge-brun : elle les couve avec une assiduité que partage le mâle.

Les verdiers sont doux et faciles à apprivoiser, mais ils chantent peu ; ils apprennent cependant à prononcer quelques mots, et aucun autre oiseau ne se façonne plus aisément à la manœuvre de la galère. Ils s'accoutument à manger sur le doigt, à revenir à la voix de leur maître, etc. Ils se mêlent en été avec d'autres espèces pour parcourir les campagnes. Pendant l'hiver ils vivent de baies, de genièvre et de bourgeons d'arbres ; l'été, ils se nourrissent de toutes sortes de graines ; mais ils semblent préférer le chènevis : ils mangent aussi des fourmis, des chenilles, des sauterelles. La longueur totale de cet oiseau est d'environ cinq pouces et demi.

LE PAPE, OU VERDIER DE LA LOUISIANE
(pl. 31).

Famille des Passereaux conirostres , genre
des Moineaux.

Ce oiseau doit son nom aux couleurs de
son plumage, surtout à une espèce de camail
d'un bleu-violet, qui recouvre sa tête et une
partie du cou ; il a le devant du cou, le dessous
du corps , le croupion et une partie de la
queue d'un beau rouge presque de feu ; le dos
varié de vert tendre et d'olivâtre obscur ; les
grandes pennes de la queue d'un brun rougeâtre ; les grandes couvertures des ailes
vertes ; les petites d'un bleu-violet, comme le
camail , mais il faut plusieurs années pour
former un si beau plumage : il n'est parfait
qu'à la troisième. Les couleurs de la femelle
sont plus obscures. Cet oiseau est un peu plus
petit que notre moineau franc.

Les Hollandais, à force de soins et de
patience, sont venus à bout de faire nicher
les papes dans leur pays, ainsi que les ben-
galis et les veuves. La nourriture qui convient
à ces oiseaux, est l'alpiste et le milet : on
leur donne aussi de la chicorée pour les
rafraîchir.

LE CHARDONNERET (pl. 31).

Famille des Passereaux conirostres, genre des Moineaux.

Beauté du plumage, douceur de la voix, finesse de l'instinct, adresse singulière, docilité à l'épreuve, ce charmant oiseau réunit tout, et il ne lui manque que d'être rare et de venir d'un pays éloigné, pour être estimé ce qu'il vaut.

Le rouge cramoisi, le noir velouté, le blanc, le jaune doré, sont les principales couleurs qu'on voit briller dans son plumage, et le mélange bien entendu de teintes plus douces ou plus sombres, leur donne encore plus d'éclat. Sa tête est d'un beau rouge, et il a une plaque jaune sur les ailes. La femelle a moins de rouge que le mâle, et n'a point du tout de noir. Les jeunes ne prennent leur beau rouge que la seconde année; dans les premiers temps leurs couleurs sont ternes, indécises, et c'est pour cela qu'on les appelle grisets.

Ces oiseaux sont, avec les pinçons, ceux qui savent le mieux construire leur nid; ils le posent sur les arbres, et, par préférence, sur les pruniers et noyers; quelquefois ils nichent dans les taillis , d'autres fois dans des buissons épineux. La femelle y dépose, vers le milieu du printemps, cinq œufs tachetés de brun-rougeâtre ; elle fait une seconde ponte lorsque la première ne vient pas à bien , et une troisième lorsque la seconde ne réussit pas. Ces oiseaux ont beaucoup d'attachement pour leurs petits. Il les nourrissent avec des chenilles et d'autres insectes.

Les mâles ont un ramage très-agréable et très-connu ; ils commencent à le faire entendre vers les premiers jours du mois de mars, et ils continuent pendant la belle saison : ils le conservent même l'hiver dans les appartemens échauffés , où ils retrouvent la température du printemps.

Le chardonneret a le vol bas , mais suivi et filé , comme celui de la linotte. C'est un oiseau actif et laborieux ; s'il n'a pas quelque tête de pavots , de chanvre ou de chardons à éplucher pour se tenir en action , il portera et rapportera sans cesse tout ce qu'il trouvera dans sa cage. Il ne faut qu'un mâle vacant de cette espèce dans une volière de canaris , pour faire manquer toutes les pontes ; il inquiétera les couveuses, se battra avec les mâles, défera les nids , cassera les œufs. On ne croirait pas qu'avec tant de vivacité et de pétulance, les chardonnerets fussent si doux et même si dociles. Ils vivent en paix les uns avec les autres; ils se recherchent, se donnent des marques d'amitié en toute saison, et n'ont guère de querelles que pour la nourriture. Ils sont moins pacifiques à l'égard des autres espèces; ils battent les serins et les linottes; mais ils sont battus à leur tour par les mésanges. Ils ont le singulier instinct de vouloir toujours se coucher au plus haut de la volière, et l'on sent bien que c'est une occasion de rixe lorsque d'autres oiseaux ne veulent point leur céder la place.

A l'égard de la docilité du chardonneret, elle est reconnue; on lui apprend, sans beaucoup de peine, à exécuter divers mouvemens avec précision, à faire le mort, à mettre le feu à un pétard, à tirer des petits seaux qui contiennent son boire et son manger; mais pour lui apprendre ces derniers exercices, il faut savoir l'habiller. Son habillement consiste dans une petite bande de cuir doux de deux lignes de large, percée de quatre trous dans lesquels on fait passer les ailes et les pieds, et dont les deux bouts, se rejoignant sous le ventre, sont maintenus par un anneau auquel s'attache la chaîne du petit galérien. Dans la solitude où il se trouve, il prend plaisir à se regarder dans le miroir de sa galère, croyant voir un autre oiseau de son espèce ; et ce besoin de société paraît chez lui aller de front avec ceux de première nécessité : on le voit souvent prendre son chènevis grain à grain, et l'aller manger au miroir, croyant sans doute le manger en compagnie.

Pour réussir dans l'éducation des chardonnerets, il faut les séparer et les élever seul à seul, ou tout au plus avec la femelle qu'on destine à chacun. On les nourrit avec de la graine de chènevis et de navette. Le chardonneret peut vivre seize à dix-huit ans ; mais il est sujet à l'épilepsie, à la gras-fondure, et souvent la mue est pour lui une maladie mortelle.

LE SIZERIN (pl. 31).

Famille des Passereaux conirostres, genre des Moineaux.

Le sizerin a beaucoup de rapport avec le tarin. On l'a souvent confondu dans l'espèce des linottes ; il en diffère par le plumage ; il est plus petit et son ramage est moins agréable. Le mâle a la poitrine et le sommet de la tête rouges, deux raies blanches transversales sur les ailes ; le reste de la tête et tout le dessus du corps mêlé de brun et de roux clair ; la gorge brune, et le bec jaunâtre. La femelle n'a du rouge que sur la tête, encore est-il moins vif. Les sizerins voyagent par grandes troupes et poussent leurs excursions jusqu'au Groënland. Leur disparution de nos climats pendant l'été a donné autrefois naissance aux plus absurdes suppositions : on a prétendu que ce n'était autre chose que des rats qui se métarmophosaient en oiseaux avant l'hiver, et qui reprenaient leur forme de rats au printemps.

Le sizerin fréquente les bois ; il se tient souvent sur les chènes, y grimpe comme les mésanges, et s'y tient comme elles à l'extrémité des branches.

LE TARIN (pl. 31).

Famille des Passereaux crénirostres, genre des Moineaux.

Le tarin est plus petit que le chardonneret. Il a le bec un peu plus court à proportion, et son plumage est tout différent ; il n'a point de rouge sur la tête, mais du noir; la gorge brune, le devant du cou, la poitrine et les pennes latérales de la queue jaunes; le ventre blanc jaunâtre; le dessus du corps d'un vert d'olive moucheté de noir, qui prend une teinte de jaune sur le croupion, et plus encore sur la couverture supérieure de la queue. Le chant du tarin ne vaut pas celui du chardonneret, mais il n'a pas moins de docilité que lui, et il est très-facile de le façonner à l'exercice de la galère. Quoique moins agissant que le chardonneret, il est plus vif à certains égards, et vif par gaîté : toujours éveillé le premier dans la volière, il est aussi le premier à gazouiller et à mettre les autres en train; mais comme il ne cherche pas à nuire, il est sans défiance et donne dans tous les piéges, gluaux, trébuchets, filets, etc. On l'apprivoise plus aisément qu'aucun autre oiseau pris dans l'âge adulte; il ne faut pour cela que lui présenter habituellement dans la main une nourriture mieux choisie que celle qu'il a à sa disposition, et bientôt il sera aussi apprivoisé que le serin le plus familier; on peut même l'accoutumer à venir se poser sur la main au bruit d'une sonnette; il ne s'agit pour cela que de la sonner dans les commencemens chaque fois qu'on lui donne à manger. Cependant, quoique le tarin mange beaucoup, la gourmandise n'est point sa passion dominante, ou du moins elle est subordonnée à une passion plus noble ; il se fait toujours un ami dans la volière parmi ceux de son espèce, et à leur défaut parmi d'autres espèces ; il se charge de nourrir cet ami comme son enfant et de lui donner la becquée. Au reste, il boit autant qu'il mange, ou du moins, il boit très-souvent, mais il se baigne peu.

Le tarin est un oiseau de passage ; et dans ses émigrations il a le vol très-élevé. On prétend qu'il niche dans les îles du Rhin, en Franche-Comté, en Suisse, en Grèce, en Hongrie et par préférence dans les montagnes boisées, mais son nid est fort difficile à trouver.

Il y a beaucoup de sympathie entre cet oiseau et le serin ; ces deux espèces s'apparient entre elles et donnent des individus métis qui tiennent du père et de la mère-

LES TANGARAS (pl. 32).

Famille des Passereaux crénirostres.

On a donné le nom de tangara à un genre

Bluet
Petit Tangara
Grand Tangara
Esclave
Silencieux
Organiste
Camail
Malimbe

Ortolan du Roseau
Ortolan de Lorraine
Ortolan
Bouvreuil
Proyer
Bruant de France
Plumet blanc
Casse Noisette
Manakin rouge
Manakin huppé
Coliou

Il ressemble un peu à la grive, mais il est beaucoup plus petit. On le trouve à Saint-Domingue.

Le BLUET. Il est très-commun à Cayenne ; il habite le bord des forêts et se plaît sur les palmiers.

L'ORGANISTE. Ce tangara est plus petit que les précédens, et on lui a donné le nom d'organiste parce qu'il fait entendre successivement tous les tons de l'octave en montant du grave à l'aigu. Son plumage est bleu sur la tête et le cou, noir changeant en gros bleu sur le dos, les ailes et la queue, et jaune orangé sur le front, le croupion et tout le dessous du corps.

Le MALIMBE. Cet oiseau que l'on trouve dans le pays de Malimbe sur la côte de Guinée porte sur la tête une jolie huppe écarlate. Cette couleur s'étend sur les joues, la gorge et une partie de la poitrine ; tout le reste du plumage est d'un noir lustré.

Le SILENCIEUX. Ses habitudes naturelles diffèrent de celles des autres tangaras ; il ne fréquente pas comme eux les lieux découverts ; on le trouve toujours seul dans le fond des grands bois, loin des lieux habités, et on ne l'a jamais entendu ramager, ni même jeter aucun cri ; il sautille plutôt qu'il ne vole et ne se repose que rarement sur les branches les plus basses des arbrisseaux, car d'ordinaire il se tient à terre.

On connaît encore : le *Tangara Diable-enrhumé*, dont le plumage offre un mélange de noir, de bleu, de jaune, de vert et de violet ; et le *tangara septicolor* ou *talao* dont le plumage est varié de sept couleurs bien distinctes, qui sont : le beau vert, le noir velouté, la couleur de feu, le jaune orangé, le bleu-violet, le gris foncé, et le vert d'eau ; c'est le plus beau des tangaras.

L'ORTOLAN (pl. 33).

Famille des Passereaux crénirostres, genre des Moineaux.

L'ortolan est un peu moins gros que le moineau franc ; il a la mandibule supérieure du bec plus étroite que l'inférieure ; le mâle a la gorge jaunâtre bordée de cendré ; le ventre et les flancs roux avec quelques mouchetures ; la tête et le cou cendré olivâtre et le dessus du corps varié de marron-brun et de noirâtre ; enfin le bec et les pieds jaunâtres. La femelle a un peu plus de cendré sur la tête et sur le cou et n'a pas, au-dessus de l'œil, une tache jaune que l'on remarque chez le mâle.

Les ortolans sont des oiseaux de passage; ils arrivent ordinairement avec les hirondelles ou peu après; ils font leur nid sur les ceps, et les construisent assez négligemment : la femelle y dépose quatre ou cinq œufs grisâtres, et fait deux pontes par an; quelquefois elle fait son nid à terre dans les blés.

L'ortolan vit de grains et dévaste quelquefois les champs d'avoine; il chante assez bien; mais c'est pour sa chair délicieuse qu'on le recherche. On l'engraisse dans des chambres où le jour ne pénètre pas; mais qui sont continuellement éclairées par des lumières. L'ortolan trompé par cet éclat, ne se livre point au sommeil; il ne cesse de manger le millet qu'on lui fournit avec abondance; et n'est bientôt plus qu'une petite pelotte de graisse excellente, mais dont on est bientôt rassasié.

Les jeunes ortolans quittent nos climats dès les premiers jours d'août; les vieux ne partent qu'en septembre et même sur la fin.

L'ortolan des roseaux forme une espèce distincte de la précédente, il se plaît dans les lieux humides et niche dans les joncs. Ce petit oiseau a presque toujours l'œil au guet comme pour découvrir l'ennemi ; et lorsqu'il a aperçu quelques chasseurs, il jette un cri qu'il répète sans cesse, qui non-seulement les ennuie, mais qui, quelquefois avertit le gibier et lui donne le temps de faire sa retraite. Son chant est assez agréable, surtout au mois de mai.

Le mâle a le dessus de la tête noire ; la gorge et le devant du cou variés de noir et de gris roussâtre ; un collier blanc qui embrasse la partie supérieure du cou ; une espèce de sourcil et une bande au-dessus des yeux, de la même couleur. Pour le reste de son plumage, il ressemble assez à l'ortolan ordinaire.

L'ORTOLAN DE LORRAINE. Cet oiseau assez commun en Lorraine a la gorge et la poitrine d'un cendré clair moucheté de noir, le reste du corps est varié de noir, de roux et de cendré. Du reste, il a beaucoup de rapport avec les deux espèces précédente.

LE BRUANT (pl. 33).

Famille des Passereaux crénirostres, genre des Moineaux.

Le bruant a beaucoup de rapport avec l'ortolan, soit dans la forme extérieure du bec et de la queue, soit dans la proportion des autres parties, soit dans le bon goût de sa chair ; son cri est à-peu-près le même.

Le bruant fait plusieurs pontes, la dernière en septembre; il pose son nid à terre, sous une motte, dans un buisson, sur une touffe d'herbes; quelquefois il l'établit sur les basses branches des arbustes. La femelle y dépose quatre ou cinq œufs tachés de brun sur un fond blanc. La femelle couve avec tant d'affection, que souvent elle se laisse prendre à la main en plein jour. Ces oiseaux nourrissent leurs petits de graines, d'insectes et même de hannetons. Ils se tiennent l'été autour des bois; le long des haies et des buissons; l'hiver une partie change de climats; ceux qui restent se rassemblent entr'eux, se réunissent avec les pinçons, les moineaux et forment des troupes nombreuses, surtout dans les jours pluvieux; ils s'approchent des fermes et même des villes et des grands chemins; dans cette saison ils sont presqu'aussi familiers que les moineaux. Leur vol est rapide. Leur cri ordinaire est composé de sept notes, dont les six premières égales et sur le même ton, et la dernière plus aigre et plus traînée, *ti ti ti ti ti ti ti*.

Les bruants sont répandus dans toute l'Europe depuis la Suède jusqu'à l'Italie.

Le mâle est remarquable par l'éclat des plumes jaunes qu'il a sur la tête et sur la partie inférieure du corps ; le cou et les petites couvertures supérieures des ailes sont olivâtres ; une couleur noirâtre mêlée de gris et de marron clair, règne sur le dos et sur une partie des ailes. La femelle a moins de jaune que le mâle, et elle est plus tachetée sur le cou, la poitrine et le ventre.

LE PROYER (pl. 32).

Famille des Passereaux crénirostres, genre des Moineaux.

Cette espèce de bruant est un oiseau de passage que l'on voit arriver de bonne heure au printemps ; dans la belle saison il ne s'éloigne guères des prairies et des champs cultivés ; il y établit son nid à trois ou quatre pouces au-dessus du sol dans l'herbe la plus serrée et assez forte pour porter ce nid. La femelle y pond quatre, cinq et quelquefois six œufs, et tandis qu'elle les couve, le mâle pourvoit à sa nourriture, et se posant sur la cime d'un arbre, il répète sans cesse son désagréable cri , *tri tri tri tri tiritz.* Les petits quittent le nid bien avant de pouvoir s'envoler; ils se plaisent à courir dans l'herbe. Les père et mère continuent de les nourrir et de veiller sur eux jusqu'à ce qu'ils soient en état de voler.

La famille élevée , ils se jettent par bandes dans les plaines, surtout dans les champs d'avoine, de fève. Ils partent un peu après les hirondelles, et il est très-rare qu'il en reste quelques uns pendant l'hiver.

Le proyer ne voltige pas de branche en branche, mais il se pose sur l'extrémité la plus haute, la plus isolée, soit d'un arbre , soit d'un buisson , et au moment même il se met à chanter, ce qu'il continue de faire pendant des heures entières ; la femelle chante aussi, mais seulement lorsque le soleil est au méridien : elle se tait le reste du jour.

LE BOUVREUIL. (pl. 33).

Famille des Passereaux crénirostres , genre des Loxias.

Ce joli oiseau, qui réunit la beauté aux talens, est de la grosseur d'un moineau. Il a le dessus de la tête , le tour du bec et la naissance de la gorge d'un beau noir lustré ; le devant du cou la poitrine et le bas du ventre d'un beau rouge, le dessus du cou et du dos d'un joli gris cendré, et les pennes de la queue et des ailes d'un beau noir tirant sur le violet. Le plumage de la femelle est moins beau ; tout ce qui est rouge dans le mâle est d'un cendré vineux dans celle-ci : elle n'a pas non plus ce beau noir lustré et changeant que le mâle a sur la tête.

Le chant naturel du bouvreuil n'a rien d'agréable ; mais lorsque l'homme se charge de son éducation et lui fait entendre des sons plus beaux, plus moëlleux, mieux filés, l'oiseau docile, soit mâle, soit femelle (1), non-seulement les imite avec justesse, mais quelquefois les perfectionne et surpasse son maître, sans oublier pour cela son ramage naturel. Il apprend aussi à parler sans beaucoup de peine, et à donner à ses petites phrases un accent expressif et pénétrant. Au reste le bouvreuil est très-capable d'attachement personnel. On en a vu d'apprivoisés s'échapper de

----

(1) La femelle du bouvreuil est, dit-on, la seule de toutes les femelles des oiseaux de ramage, qui apprenne à siffler aussi bien que le mâle.

la volière, vivre en liberté dans les bois pendant l'espace d'une année, et, au bout de ce temps reconnaître la voix de la personne qui les avait élevés et revenir à elle pour ne la plus abandonner. On en a vu d'autres qui ayant été forcés de quitter leur premier maître, se sont laissé mourir de regret. Ces oiseaux sont susceptibles d'impressions profondes et durables : un d'eux ayant été jeté par terre avec sa cage, par des gens de la plus vile populace n'en parut pas fort incommodé d'abord, mais dans la suite on s'aperçut qu'il tombait en convulsion toutes les fois qu'il voyait des gens mal vêtus ; et il mourut dans un de ces accès, huit mois après le premier événement.

Les bouvreuils passent la belle saison dans les bois ou sur les montagnes : ils y font leur nid sur les buissons à cinq ou six pieds de hauteur. La femelle y pond quatre à six œufs d'un blanc sale entourés vers le gros bout d'une zone formée par des taches noires ou violettes. Les petits ne commencent à siffler que lorsqu'ils commencent à manger seuls ; et dès lors ils ont l'instinct de la bienfaisance ; car on rapporte que de quatre jeunes bouvreuils, tous d'une même nichée, tous quatre élevés ensemble ; les trois aînés qui savaient manger seuls , donnaient la becquée au plus jeune, qui ne le savait pas encore. Après que l'éducation est finie, les pères et mères restent appariés et le sont encore tout l'hiver ; car on les voit toujours deux à deux , soit qu'ils voyagent , soit qu'ils restent : mais ceux qui restent dans le même pays, quittent les bois au temps des neiges , descendent de leurs montagnes et s'approchent des lieux habités. Ils se nourrissent, en été , de toutes sortes de graines, de baies et d'insectes ; et l'hiver , de grains de genièvre et de bourgeons d'arbres : on les entend, pendant cette saison, siffler, se répondre , et égayer par leur chant , quoiqu'un peu triste, le silence encore plus triste qui règne alors dans la nature.

Les bouvreuils s'apprivoisent aisément ; mais il faut remarquer que ceux dont le plumage sera le plus beau seront ceux qui auront moins de dispositions pour apprendre à chanter et à siffler, parce que ce seront les plus vieux, et par conséquent, les moins dociles. Il est rare qu'on ne prenne qu'un seul bouvreuil à la fois ; le second se fait bientôt prendre pour peu qu'il entende son camarade ; ils redoutent moins l'esclavage, qu'ils ne craignent de se séparer.

LES COLIOUS (pl. 39).

Famille des Passereaux crénirostres, genre des Loxias.

Les colious ne se trouvent que dans les contrées les plus chaudes de l'Asie et de l'Afrique. Ces oiseaux ressemblent aux veuves par leur longue queue, et au bouvreuil par leur bec. Du reste, leurs mœurs sont peu connues.

FIN DU TOME PREMIER.

TABLE

ALPHABÉTIQUE

DU TOME PREMIER.

Aigles	56. 63		Cresserelle	97
Autour	84		Dindon	133
Autruche	118		Draine	196
Azurin	206		Dronte	124
Balbuzard	59		Ecorcheur	104
Bec-Croisés	215		Effraie	113
Bengalis	235		Emerillon	99
Bouvreuils	260		Epervier	83
Brèves	207		Etourneau	186
Bruant	257		Faisans	144
Buses	76		Faucons	89
Cailles	155		Francolin	154
Cardinal	216		Freux	171
Carrouges	190		Geais	178
Casoar	123		Gelinottes	139
Casse-Noix	181		Gerfaut	87
Chardonneret	246		Grand-Duc	108
Chat-Huant	113		Grenadier	242
Chevêches	116		Grisin	206
Choucas	172		Grives	193
Chouettes	115		Gros-Bec	214
Colious	264		Harfang	117
Coq	128		Hibou	108
Coq de Bruyère	137		Hoazin	149
Corbeau	164		Hobereau	95
Corneilles	168		Hocco	147
Crave	162		Hulotte	112

Jean-le-blanc	64	Pie-Grièches.	190
Jaseur	213	Pygargue	57
Lagopède	140	Pigeons.	157
Lanier.	88	Pinson	237
Linottes.	231	Pique-Bœuf.	185
Litorne	196	Proyer	259
Loriot.	191	Ramier.	160
Maïa	236	Rochier.	100
Mainates	207	Rolliers.	182
Marail	150	Rousserolle	195
Martin	208	Sacre	89
Mauvis.	197	Sansonnet.	186
Merles.	204	Scops.	108
Milan	76	Sénégalis	236
Moineaux.	217	Serin.	223
Moqueurs.	198	Sizerin.	240
Oiseau de Para-		Solitaire	126
dis.	183	Tangaras	252
Orfraie	60	Tarin.	250
Ortolans.	255	Tetras.	137
Outardes.	126	Tourterelles	161
Paons.	141	Touyou.	122
Pape	245	Troupiales	189
Pauxi.	148	Vautours	64
Peintade	136	Verdier.	243
Perdrix.	151	Veuves	241
Pie.	175	Yacou	149

Fin de la Table du Tome premier.

De l'Imprimerie d'Abel Lanoe, rue de la Harpe, n.° 78.